핵심

열유체 역학

| 나경찬 · 박성하 지음 |

光文閣
www.kwangmoonkag.co.kr

머리말

열역학은 자연계의 여러 가지 현상을 합리적으로 설명하는 기초과학이다. 열은 우리의 일상생활과 밀접한 관계가 있는 에너지이지만 대상물질의 열과 관계나 에너지의 상호교환 등 추상적인 경우가 많으므로 초보자에게는 비교적 이해하기 힘든 학문이다.

유체역학은 유체의 운동과 유체와 상대적으로 운동하고 있는 물체와의 상호작용을 거시적으로 연구하는 학문이다. 항공, 토목, 화학, 천문, 기상, 원자력 등의 기초학문으로서 매우 중요하며, 유체역학을 바탕으로 한 산업용 기계류 등 넓은 범위에 걸쳐 다양하게 응용된다.

열역학, 유체역학 모두 공학도에게는 필수적인 학문이지만 광범위한 내용을 소책자에 전부 담을 수 없기 때문에 본서에서는 기계 분야로서 특히 공조 냉동 설비 관련 분야에서 반드시 필요한 내용만을 엄선하여 수록하였다.

본문의 내용과 수식 등을 쉽게 이해하고 학습에 도움이 되도록 응용하는 방법을 적절한 예제를 실어 자세히 풀이하였다. 그리고 단위는 공학단위와 국제단위인 SI 단위를 혼용하여 활용함으로써 계산문제를 해결하는데 단위환산에 쉽게 적응할 수 있도록 하였다.

이 책을 펴냄에 있어서 불충분한 내용과 뜻하지 않은 오류가 있을 것으로 생각되지만 독자들의 충고와 지도로 교정해 나갈 것이며, 독자들의 건투를 간절히 빌어본다.

끝으로 이 책을 집필하는데 참조 및 인용한 많은 저서와 문헌의 저자분에게 깊은 고마움을 표시하며, 어려운 여건 속에서도 출간하는 데 힘써 주신 광문각출판사 박정태 회장님과 관계자 분께도 감사를 드린다.

2017년 8월

저자 일동

CONTENTS

제1편 열유체 기초

제2편 열역학

제3편 유체역학

제4편 종합문제

부 록

제1편 열유체 기초

제1장 물리와 화학의 기초

1-1 물리량(物理量)

물리량은 물리학에 있어서 대상이 되는 양으로, 측정 가능한 물리학에서의 양이거나 종종 수치값과 물리 단위(주로 SI 단위)의 곱으로 표현되는 측정의 결괏값이다.

물리량에는 길이 · 면적 · 체적 · 질량(무게), 밝음(광도나 조도), 소리의 강함과 높이, 온도 및 전류와 전압 등이 있다. 예를 들면, 힘은 용수철의 탄성으로, 온도는 액체 등의 열팽창으로, 전류 · 전압은 전류에 의해 생기는 자계(磁界)를 이용하여 바늘의 움직임으로 표시된다. 대기압 등도 진공관 속에 있는 수은의 높이, 즉 길이로 직접 판독할 수가 있으며, 물체의 체적은 용기에 물을 가득 채우고 이것에 물체를 가라앉혀서 넘치는 물의 체적을 메스실린더로 측량하면 되는데, 결국 길이로 대치함으로써 물체의 체적을 측정하고 형식이고, 물에 뜨는 물체의 무게도 넘치는 물의 무게로 측정이 가능하다.

1. 단위(Unit, 單位)

어떤 물리량을 측정할 때 그것과 같은 종류의 어떤 일정량을 기준으로 하여 주어진 양이 그 일정량의 몇 배가 되는가를 측정하는 기준이 되는 일정량을 단위라고 한다. 즉, 길이, 무게, 수량, 시간 등의 수량을 수치로 나타낼 때 기초가 되는 일정한 기준으로 근, 되, 자, 그램, 리터, 미터, 초 등이 있다.

(1) 기본단위(Fundamental unit, 基本單位)

다른 종류의 물리량과 관계없이 독립적인 단위가 부여될 수 있는 물리량을 **기본량**이라 하고, 이 기본량을 나타내기 위하여 사용되는 단위로 가장 대표적인 기본단위는 물리량으로서 길이 · 질량 · 시간을 채용한 것인데, 각각 센티미터(cm) · 그램(g) · 초(s)로 나타낸 것을 CGS단위, 미터(m) · 킬로그램(kg) · 초(s)로 나타낸 것을 MKS단위라 한다. 이밖에 힘의 단위 킬로그램(Kg_f)을 추가하여 구성된다.

(2) 유도단위(Derived unit, 誘導單位)

기본량을 조합하여 나타낼 수 있는 양을 **조립량**이라고 하고, 이 조립량의 단위를 기본으로 하여 기본단위를 조합해서 만들어진 단위이며, 측정 표준값에 기준으로 하는 것은 아니다. 예를 들면 속도를 표현하기 위한 cm/s는 길이의 기본단위 cm와 시간의 기본단위 s를 이용한 것이다.

(3) 공학단위(Engineering unit, 工學單位)

공학상의 여러 계산을 편리하게 할 수 있도록 정해 놓은 단위이다. 예로서 힘의 단위로는 중력단위를 채택하고 있으므로, 이것으로 표시되는 여러 양에는 중력가속도 g가 표시되며, 질량과 힘은 동일 단위명이나, 기호상 각각 kg_m, Kg_f라고 써서 구별하기도 한다.

다음 표는 공학에서 많이 사용하고 있는 특수 기호를 나타낸다.

그리스 문자

소문자	대문자	알파벳	소문자	대문자	알파벳
α	A	alpha	ν	N	nu
β	B	beta	ξ	Ξ	xi
γ	Γ	gamma	o	O	omicron
δ	Δ	delta	π	Π	pi
ε	E	epsilon	ρ	P	rho
ζ	Z	zeta	σ	Σ	sigma
η	H	eta	τ	T	tau
θ	Θ	theta	υ	Υ	upsilon
ι	I	iota	φ	Φ	phi
κ	K	kappa	χ	X	chi
λ	Λ	lambda	ψ	Ψ	psi
μ	M	mu	ω	Ω	omega

2. 단위계(System of units, 單位系)

몇 개의 기본단위를 바탕으로 다른 양의 단위를 유도할 때 사용하는 계통적인 단위의 모임으로 길이, 질량, 시간을 기본단위로 사용하는 절대단위계와 길이, 힘, 시간을 기본단위로 하는 중력단위계가 있다. 1960년 제11회 국제 도량형 총회에서 미터계의 국제단위계(International System of Units, SI)를 채용한 이후 현재는 단위계가 SI단위계로 통일되고 있다. SI 단위계는 길이(m), 질량(kg), 시간(s), 전류(A)의 4개 기본단위와 열역학적 온도(K), 광도(cd), 물질량(mol)을 합쳐 7개의 단위를 SI 기본단위로 사용한다. 국제단위계는 현재 세계적으로 일상생활뿐만 아니라 상업적으로나 과학적으로 널리 쓰이는 도량형이다.

(1) 절대단위계(System of absolute units, 絶對單位系)

불변성이 보증되는 기준에 의해 정해진 기본단위와 그 기본단위에서 유도된 유도단위로 이루어진 단위계로 실험 방법, 실험 정밀도에 의해 변화하지 않는다고 생각되는 단위를 취한 계를 절대 단위계라고 한다.

예를들면 기본 단위로서 길이에 미터(m), 질량에 킬로그램(kg), 시간에 초(s), 전류에 절대 암페어(A)를 채택한 MKSA 단위계는 기준이 되는 미터원기, 킬로그램원기 등의 불변성이 보장되므로 절대 단위계의 하나이다. 기본단위로서 센티미터(cm), 그램(g), 초(s)를 채택한 CGS단위계도 절대단위계이다.

(2) 중력단위계(Gravitational system of units, 重力單位系)

길이, 힘, 시간을 기본량으로 채택하고 이를 기준 삼아 역학적인 여러 양을 유도하는 단위이다. 주로 공학 분야에서 많이 사용하며, 힘과 질량의 단위가 지상에서 같도록 정의한 단위이다. 이러한 중력단위계 중에서 미터법 중력단위계에서는 길이의 단위에 m, 힘의 단위에 질량 1kg의 물체에 작용하는 중력 kg, 시간의 단위에 s를 기본단위로 사용한다. 물체의 중량은 위도나 해면으로부터의 높이에 따라서 그 크기가 다르지만 일반적으로 장소를 지정하지 않고 단순히 중량이라고 하는 경우에는 중력가속도에 대한 중량을 의미하며, 중력가속도는 $9.8m/s^2$이므로 질량 1kg인 물체의 표준 중량은 1kg이다.

표 1-1 단위계

물리량 \ 단위계		MKS	CGS	영국
기본단위	길이	m	cm	ft
	질량	kg	g	slug
	시간	s	s	sec
유도단위	부피	m^3	cm^3	ft^3
	밀도	kg/m^3	g/cm^3	$slug/ft^3$
	속도	m/s	cm/s	ft/sec

(3) 국제단위계(International System of Units, SI, 國際單位系)

미터법에 따른 측정단위를 국제적으로 통일한 체계이며, 기본단위로서 길이는 미터(m), 무게는 킬로그램(kg), 시간은 초(s), 전류는 암페어(A), 온도는 켈빈(K), 물질량은 몰(mol), 광도는 칸델라(cd)의 7가지 **기본단위**와 이로부터 유도된 **유도단위**, 그리고 기본단위 및 보조단위를 사용하여 대수적인 방법으로(승법, 제법의 수학기호를 사용하여) 나타내는 **조립단위**로 분류된다.

우리나라에서도 국가표준기본법 규정에 의거 SI 단위를 법정단위로 채택하고 있으며, 기본단위에 대한 근거는 다음과 같다.

① 길이의 단위(m)

백금-이리듐의 국제원기에 기초를 둔 1889년 미터의 정의는 제11차 국제도량형총회(1960)에서 크립톤 86 원자(86Kr)의 복사선 파장에 근거를 둔 정의로 대체되었다. 이 정의는 미터 현시의 정확도를 향상시키기 위하여 채택되었다. 이 정의는 1983년의 제17차 국제도량형총회에서 다시 다음과 같이 대체되었다. 미터는 빛이 진공에서 1/299,792,458초 동안 진행한 경로의 길이이다.

② 질량의 단위(kg)

백금-이리듐으로 만들어진 국제원기는 1889년 제1차 국제도량형총회에서 지정한 상태 하에 국제도량형국(BIPM)에 보관되어 있으며 당시 국제도량형총회는 국제원기를 인가하고 다음과 같이 선언하였다. 이제부터는 이 원기를 질량의 단위로 삼는다. 킬로그램은 질량의 단위이고 국제킬로그램원기의 질량과 같으며, 그 기호는 "kg"으로 한다.

③ 시간의 단위(s)

예전에는 시간의 단위인 초를 평균 태양일의 1/86,400로 정의하였었으나, 지구 자전주기의 불규칙성 때문에 이 정의를 우리가 요구하는 정확도로 실현할 수 없다는 것이 측정에 의해 밝혀졌다. 이후 시간의 단위를 원자나 분자의 두 에너지 준위 사이의 전이에 기초를 둔 원자 시간 표준이 실현 가능하고 훨씬 더 정밀하게 재현될 수 있다는 것이 실험에 의해 증명됨에 따라 1968년 제13차 국제도량형총회에서 초의 정의를 다음과 같이 바꾸었다. 초는 세슘-133원자(133Cs)의 바닥 상태에 있는 두 초미세 준위 사이의 전이에 대응하는 복사선의 9,192,631,770 주기의 지속 시간이며, 그 기호는 "s"로 한다.

④ 전류의 단위(A)

전류와 저항에 대한 소위 "국제" 전기단위는 1893년 국제전기협의회에서 최초로 도입되었고, 1948년 제9차 국제도량형총회에서 전류의 단위인 암페어를 다음과 같이 정의하였다. 암페어는 무한히 길고 무시할 수 있을 만큼 작은 원형 단면적을 가진 두 개의 평행한 직선 도체가 진공 중에서 1미터의 간격으로 유지될 때, 두 도체 사이에 매 미터당 2×10^{-7} 뉴턴(N)의 힘을 생기게 하는 일정한 전류이다.

⑤ 열역학적 온도의 단위(K)

열역학적 온도의 단위는 실질적으로 1954년 제10차 국제도량형총회에서 정해졌는데, 여기서 물의 삼중점을 기본 고정점으로 선정하고, 이 고정점의 온도를 정의에 의해서 273.16K로 정했다. 이후 1968년 제13차 국제도량형총회에서 "켈빈도"(°K) 대신 켈빈(K)이라는 명칭을 사용하기로 채택하였으며, 열역학적 온도의 단위를 "켈빈은 물의 삼중점에 해당하는 열역학적 온도의 1/273.16이며, 그 기호는 'K'로 한다."로 정의하였다.

⑥ 물질량의 단위(mol)

국제 순수응용물리학연맹, 국제 순수응용화학연맹, ISO의 제안에 따라 국제 도량형총회에서는 1971년에 "물질량"이란 양의 단위의 명칭은 몰로 정하고, 몰의 정의를 다음과 같이 채택하였다. 몰은 탄소 12의 0.012킬로그램에 있는 원자의 개수와 같은 수의 구성요소를 포함한 어떤 계의 물질량이며, 그 기호는 "mol"이다.

⑦ 광도의 단위(cd)

1948년 이전에는 광도의 단위를 불꽃이나 백열필라멘트 표준에 기초를 두고 사용하였으나 이후 백금 응고점에 유지된 플랑크복사체(흑체)의 광휘도에 기초를 둔 "신촉광(新燭光)"으로 대치되었었다. 그러나 고온에서 플랑크 복사체를 현시하기에 어려움이 많아 1979년 제16차 국제도량형총회에서 다음과 같은 새로운 정의를 채택하였다. 칸델라는 진동수 540×10^{12}헤르츠인 단색광을 방출하는 광원의 복사도가 어떤 주어진 방향으로 매 스테라디안(sr)당 1/683와트일 때 이 방향에 대한 광도이다.

표 1-2 SI 기본단위

항목	단위명칭	단위기호	정 의
길이	미터	m	1미터는 1/299,792,458초 동안에 빛이 진공에서 이동하는 거리이다.
질량	킬로그램	kg	1킬로그램은 질량의 단위(중량)이며, 국제 킬로그램 원기의 질량과 동일하다.
시간	초	s	1초는 온도가 0K인 세슘-133 원자의 바닥 상태에 있는 두 초미세준위 사이의 전이에 대응하는 복사선의 9,192,631,770주기의 지속 시간이다.
전류	암페어	A	1암페어는 무한히 길고 무시할 수 있을 만큼 작은 원형 단면적을 가진 두 개의 평행한 직선 도체가 진공 중에서 1미터의 간격으로 유지될 때, 두 도체 사이에 미터당 2×10^{-7} 뉴턴의 힘을 생기게 하는 일정한 전류이다.
열역학적온도	켈빈	K	1켈빈은 물의 삼중점인 열역학적 온도의 1/273.16이다.
물질량	몰	mol	1몰은 바닥상태에서 정지해 있으며 속박되어 있지 않은 탄소-12의 0.012킬로그램에 있는 원자의 개수와 같은 수의 구성요소를 포함한 어떤 계의 물질량이다. 몰을 사용할 때에는 구성요소를 반드시 명시해야 하며 이 구성 요소는 원자, 분자, 이온, 전자, 기타 입자 또는 이 입자들의 특정한 집합체가 될 수 있다.
광도	칸델라	cd	1칸델라는 진동수 540×10^{12}헤르츠인 단색광을 방출하는 광원의 복사도가 어떤 주어진 방향으로 스테라디안 당 1/683와트일 때 이 방향에 대한 광도이다.

표 1-3 SI 보조단위

항목	단위명칭	단위기호	정 의
평면각	라디안	rad	반지름 r인 원에서 원주상에 길이 r인 원호를 잡았을 때 중심각의 크기를 1라디안이라고 한다.
입체각	스테라디안	sr	구의 중심을 정점으로 하여 그 구의 반경을 1변으로 하는 정방형의 면적과 동일한 면적을 그 구의 표면상에서 떼어낸 입체각을 1스테라디안이라고 한다.

표 1-4 SI 조립단위

유 도 량	단 위 명 칭	기 호
넓 이	제곱미터	m^2
부 피	세제곱미터	m^3
속력, 속도	미터 매 초	m/s
가 속 도	미터 매 초 제곱	m/s^2
밀 도	킬로그램 매 세제곱미터	kg/m^3
농 도	몰 매 세제곱미터	mol/m^3
광 휘 도	칸델라 매 제곱미터	cd/m^2

항 목	단위명칭	단위기호	기타 조립단위에 의한 조립법
주 파 수	헤르츠	Hz	1Hz = 1/s
힘	뉴턴	N	$1N = 1kgm/s^2$
압력, 응력	파스칼	Pa	$1Pa = 1N/m^2$
에너지, 일, 열량	줄	J	1J = 1Nm
일률, 공률, 동력, 전력	와트	W	1W = 1J/s
온 도	섭씨온도	℃	℃ = K−273.15
조 도	럭스	Lx	$1Lx = 1lm/m^2$

3. 차원(Dimension, 次元)

측정값이 길이 · 시간 · 질량 등 기본량의 측정값과 어떻게 관계하는지를 나타내는 지수(指數)로 역학량(力學量)은 길이 · 질량 · 시간을 기본량으로 하여 나타낼 수 있으며, 각각을 L, M, T라 하면 Lx, My, Tz인 형태로 나타낼 수 있는데, x, y, z를 각각 기본량의 **차원**이라고 한다.

기본차원은 길이(L), 질량(M), 시간(T), 열역학적 온도(K)로 구성되며, 다른 차원은 이러한 기본차원들을 서로 곱하고 나눈 항으로 표현할 수 있다. 예를 들면 속도의 차원 (LT^{-1})은 길이차원(L)을 시간차원(T)으로 나누면 된다.

표 1-5 각종 물리량의 차원

물 리 량	차 원		SI단위
	절대단위계	중력단위계	
기 본 차 원	질량(M)		kg
		힘(F)	N
	길이(L)	길이(L)	m
	시간(T)	시간(T)	s
	온도(K)	온도(K)	K
	전류(C)	전류(C)	A
	광도(I)	광도(I)	cd
	물질의 양(mol)	물질의 양(mol)	mol
질 량	M	FT^2L^{-1}	kg
열역학적 온도	K	K	K
광 도	I	I	cd
힘, 역량	MLT^{-2}	F	N
에너지, 일, 열량	ML^2T^{-2}	FL	J
동력, 공률	ML^2T^{-2}	FLT^{-1}	W
넓 이	L^2	L^2	m^2
부 피	L^3	L^3	m^3
속도, 속력	LT^{-1}	LT^{-1}	m/s
가 속 도	LT^{-2}	LT^{-2}	m/s^2
질량유량	MT^{-1}	FT^{-1}	kg/s
체적유량	L^3T^{-1}	L^3T^{-1}	m^3/s
밀 도	ML^{-3}	FT^2L^{-4}	kg/m^3
비 중 량	$MT^{-2}L^{-2}$	FL^{-3}	N/m^3
압 력	$MT^{-2}L^{-1}$	FL^{-2}	Pa
표면장력	MT^{-2}	FL^{-1}	N/m
충격강도	MT^{-2}	FL^{-1}	J/m^2
점도(점성계수)	$ML^{-1}T^{1}$	FTL^{-2}	Pa·s
동점도(동점성계수)	L^2T^1	L^2T^1	m^2/s
열용량, 엔트로피	$ML^2T^{-2}K^{-1}$	FLK^{-1}	J/K
비 열	$L^2T^{-2}K^{-1}$	LK^{-1}	J/kg·K
비에너지, 잠열(숨은열)	L^2T^{-2}	L	J/kg
엔 탈 피	ML^2T^{-2}	FL	J
열전도계수(열전도율)	$MLT^{-3}K^{-1}$	$FT^{-1}K^{-1}$	W/m·K
열전달계수	$MT^{-3}K^{-1}$	$FT^{-1}L^{-1}K^{-1}$	$W/m^2·K$

4. 길이(Length)

한끝에서 다른 한끝까지의 거리를 말하며, 물리적으로 미터법에서는 미터(m)를 규정하고, 보조단위로서 킬로미터(km) · 데시미터(dm) · 밀리미터(mm) · 마이크로미터(μm) · 나노미터(nm) · 옹스트롬(Å) · 해리(海里) 등이 사용된다. 야드 · 파운드법에서는 야드(yd) · 피트(ft) · 인치(inch) · 마일(mile) 등이 있다.

$$1m = 100cm = 1{,}000mm = 0.001km = 10^6\mu m = 10^9 nm = 39.37in$$
$$= 3.28ft = 1.094yd = 0.000621mile = 3.3\text{자}(\text{尺})$$

5. 면적(Area)

일정한 평면에 걸쳐 있는 공간이나 범위의 크기로 평면 위에 직선이나 곡선으로 둘러싸인 부분의 넓이를 평면적(平面積)이라 하고, 3차원 공간의 곡면 위의 부분의 곡면에 따른 넓이를 곡면적(曲面積)이라고 한다.

$1m^2$=1/106km^2=1/10,000ha=10.764ft^2=1.196yd^2=0.000247에이커(ac)=0.3025평
=1/10,000정보

6. 체적(Volume)

넓이와 높이를 가진 물건이 공간에서 차지하는 크기를 말하는 것으로, 부피라고도 하며 m^3, mℓ, ℓ, cc, gal 등이 사용된다.

$1m^3$=1,000ℓ=10dℓ(데시리터)=10^6mℓ=10^6cc=61,027in^3=35.32ft^3=1.31yd^3=264.2gal(갤런)
=55.44말=554.35되=5543.5홉

7. 질량과 중량(Mass and Weight)

질량은 물체가 가지고 있는 고유의 양으로 언제 어느 곳에서 측정하여도 항상 일정한 값을 가지며, 기본단위는 kg이다.

중량(重量)은 어떤 물체에 지구 중력(gravity)이 작용하여 나타내는 힘의 크기이며, 측

정 장소에 따라 다른 값을 나타내기도 한다. 이를테면 달에서는 지구에서 측정되는 무게에 비해 그 값이 1/6에 달하며, 같은 지구상이라고 해도 위도에 따라 그리고 지각의 조성에 따라 그 값이 달라진다.

무게의 단위는 힘의 단위와 같은 뉴턴이라는 단위를 사용하지만, 질량과 지구 표면의 중력(重力)배수($g=9.8\,m/s^2$)와의 곱($w=mg$)으로 표시한 킬로그램 중(重)이란 단위가 사용되고 있다. 즉, 중량의 단위로 N 또는 kgf를 사용하는 것이 원칙이지만, 공학단위계에서는 1kg의 질량에 작용하는 중력을 1kg의 힘(kgf)으로 표시하고 있으며, 실제는 질량과 중량을 구별하지 않고 kg으로 사용한다.

① 질량이 10kg인 물체를 지구가 당기는 힘은 98N이다.

② 지구에서 무게가 98N이면 그 물체의 질량은 10kg이다.

③ 지구가 물체를 당기는 힘은 그 물체의 질량에 비례한다.

④ 질량이 10kg인 물체에 98N의 힘이 작용하면 $9.8\,m/s^2$의 가속도 운동을 한다.

1kg=1000g=1/1000ton=33.273온스(oz)=2.205lb=26.7냥=266.7돈=1.7근=0.27관

1-2 화학의 기초

1. 원자(량)와 분자(량)

모든 물체는 원자(原子)와 분자(分子)라는 미립자의 집합에 의해 이루어지며, 동일 종류만의 원자로 구성되어 있는 물질을 **원소** 또는 **원자**라 하고, 더 이상 세분할 수 없는 미립자이다. 원자의 구성은 원자핵과 그 주위를 회전하는 전자로 이루어지나 다른 종류의 원자와 결합하여 여러 가지 물질의 분자를 구성한다.

어느 물질의 성질을 갖는 최소 입자를 그 물질의 **분자**라 하며, 기계적인 방법으로는 더 이상 나눌 수 없는 입자지만 화학적인 방법으로는 몇 개 또는 몇 종류의 원자로 나눌 수 있다. 즉, 분자는 원자가 화학적으로 결합한 것으로 물질은 이들 분자의 집합체이다.

또한, 산소분자나 수소분자와 같이 동일 종류의 원자 결합으로 한 개의 분자가 구성된 것을 단체라 하고, 물 분자나 프로판 분자와 같이 다른 종류의 원자 결합으로 분자가 구성된 것을 **화합물(化合物)**이라 한다.

그리고 물질을 구성하는 원자나 분자도 질량을 갖지만 크기가 아주 작으므로 단위로 표시할 수가 없다. 자연에 존재하는 원소의 동위원소들을 구성비에 따라 가중한 평균 질량수를 **원자량**(atomic weight)이라고 한다. 즉, 한 원소의 원자를 특정한 수로 기준을 삼아, 나머지는 이 기준에 대한 상대적인 값으로서 표시하며, 현재 사용하는 국제원자량은 탄소의 동위원소 중 탄소12(^{12}C)를 기준으로 하여 이것을 원자량 12로 정한다. 한편, **분자량**(molecular weight(mass)은 분자의 질량을 나타내는 양으로 분자를 구성하는 모든 원자들의 원자량 값을 더해서 계산하므로 어떤 분자의 분자식을 알고 구성 원자의 원자량을 알면 그 분자의 분자량을 구할 수 있다.

이 같은 방법으로 산소분자의 분자량을 구하면, 화학식이 O_2라는 것과 원자량이 16이라는 것을 알고 있으므로 산소의 분자량은 32가 됨을 알 수 있으며, 마찬가지로 물(H_2O) 분자는 원자량 1인 수소 두 개와 16인 산소 하나로 구성되므로 18의 분자량을 가지게 된다.

2. 화학방정식(Chemical equation)

화학반응에서 처음에 존재하는 물질을 **반응물**(reactor)이라 하며, 변화에 의하여 생긴 물질을 **생성물**(product)이라고 한다. 즉, 화학반응에서 반응물질과 생성물질 및 그들 간의 양적 관계를 나타내는 등식을 **화학방정식(化學方程式)**이라 하며, 예를 들면 수소와 산소의 결합반응은 $2H_2+O_2 \Rightarrow 2H_2O$로 나타내고, **2mol**의 수소와 1mol의 산소에서 **2mol**의 물이 생기는 것을 의미하고 있다.

질량불변의 법칙에 의하면 생성물의 총질량은 반응물의 총질량과 같다. 정해진 조건에서 정해진 반응물 사이에 반응이 일어날 때 항상 같은 생성물이 얻어지며, 일정량의 반응물로부터 생성되는 생성물의 양도 예측할 수 있다. 이와 같이 반응물과 생성물의 종류가 확정되면 그 반응에 관하여는 물질의 양과 종류도 간단히 기호로 표시할 수 있는데 이것이 화학방정식이다.

예로서 기체 탄화수소인 에탄(C_2H_6)을 공기 중의 산소와 반응시키면 두 가지 물질이 생성되는데 하나는 기체(CO_2)이며, 또 하나의 생성물인 물은 25℃, 1기압에서 액체이므

로, 이것을 식으로 표기하면 다음과 같다

$$C_mH_n + \left(\frac{m+n}{4}\right)O_2 \Rightarrow mCO_2 + \frac{n}{2}H_2O$$

$$\therefore\ 2C_2H_6 + 7O_2 \Rightarrow 4CO_2 + 6H_2O$$

화학방정식은 반응을 이루는 각 종류의 원자에 대해 화살표의 양쪽에 같은 수의 원자가 존재할 때 평형을 이루었다고 하며, 일반적으로 평형방정식을 구하기 위해서 가장 작은 양의 정수를 사용한다.

3. 몰(Mole)과 몰농도(Molarity)

국제계량단위계에 의한 7가지 기본단위 중에서 물질의 양을 나타내는 계량단위로 **1몰**은 원자량의 기준에 따라 탄소의 질량수 12인 동위원소 12C의 12g 중에 포함되는 원자의 수, 즉 아보가드로수와 같다. 이에 해당하는 6.02×10^{23} 물질입자(원자 · 분자 · 자유라디칼 · 이온 · 전자)를 포함하는 물질의 집단을 1몰로 정의하며, 그 기호는 mol이다.

예를 들면 암모니아는 분자식 NH_2이므로 질소 N의 원자량은 14, 수소 3원자의 원자량은 3으로 그 합은 17로 된다. 또, 물의 분자식은 H_2O이므로 수소 2원자의 원자량은 2이며, 산소 원자량은 16, 그 합은 18로 되고 물 분자량은 18이다. 또 산소 1분자mol은 산소 2원자mol과 같으며, 메탄(NH_4) 1분자mol 안에서 수소 4원자 mol 즉, 수소원자 $4\times6\times10^{23}$개가 들어 있는 셈이다.

몰농도는 용액 1리터에 녹아 있는 용질의 몰수로 나타내는 농도로 mol/ℓ 또는 M으로 표시하며, 1M은 1mol/ℓ에 해당한다. 용액의 몰농도를 계산하려면 용질의 몰수를 구해야 하며, 이를 위하여 용질의 질량과 용질의 화학식량을 알아야 한다. 1몰(그램분자)은 물질의 분자량에 g을 붙인 질량이기 때문에, 분자량 58인 NaCl이 1ℓ의 물속에 58g 녹아 있는 경우의 몰농도는 1mol/ℓ이다.

염화나트륨 5.85g이 용해된 용액의 부피가 100mℓ일 때, 이 용액의 몰농도를 구하면, $5.85 \div 58.5 = 0.1$mol이 되며, 0.1M의 수산화나트륨 100mℓ가 필요하다면 필요한 용질의 몰수(용액의 몰농도)×(용액의 부피)는 0.01mol(=0.1M×0.1L)이다. 이를 질량으로 환산하면 0.4g(=0.01mol×40g/mol)이므로 여기에 증류수 30~40mℓ를 섞어 용해시킨 다음 증류수를 추가하여 전체 용액의 부피가 100mℓ가 되도록 한다.

예제 어느 이상기체가 일정 온도 하에서 압력 0.2MPa, 비체적 0.4m³/kg의 상태로부터 압력 0.4MPa의 상태로 변한다면 비체적은 얼마인가?

풀이 $v_2 = v_1 \dfrac{P_1}{P_2} = 0.4 \times \dfrac{0.2}{0.4} = 0.2\ m^3/kg$

4. 가스(Gas)와 증기(Vapor)

모양과 부피가 일정하지 않으며 액체처럼 흐르는 성질이 있고, 액체처럼 유동성(流動性)은 있으나 용기 전체에 확산되며, 액체보다 훨씬 압축되기 쉬운 상태에 있는 물체의 상태를 기체라 하는데 연료로 사용되는 기체를 **가스**라고 한다.

기체를 단열적으로 팽창시키면 온도가 내려가고, 반대로 압축하면 올라가며, 기체가 운동할 때에는 액체와 마찬가지로 약간의 점성저항(粘性抵抗)을 받으므로 고체인 벽을 따라서 고속도로 움직이면 소용돌이가 생긴다. 또 기체의 밀도는 온도·압력에 따라 변화하나, 일반적으로 표준 상태에서의 값으로 나타낸다.

증기(蒸氣)는 끓는점이 높지 않고 비교적 쉽게 액화할 수 있는 물질이 기체 상태가 된 것으로 상온에서 액체나 고체 상태인 물질이 기체 상태가 된 것을 가리킨다. 다시 말하면, 압축해서 액체 또는 고체로 바꿀 수 있는 기체, 즉 임계온도보다 낮은 온도에 있는 기체 또는 상온·상압에서 고체나 액체의 것이 감압 또는 가열되어 기체로 된 것이다.

5. 밀도(Density)와 비중량(Specific weight)

물질의 질량을 부피로 나눈 값으로 물질마다 고유한 값을 지니며, 단위는 g/mℓ, kg/m^3 등을 주로 사용한다.

물질 속의 원자나 분자배열의 조밀도, 합금이나 혼합물 속의 성분비 등을 알아내는 데 이용되는 밀도는 1mℓ 속에 포함된 물질의 질량으로, 순수한 물질은 고유한 밀도를 갖고 있지만, 혼합물은 혼합물을 구성하는 성분들의 조성에 따라 밀도가 달라지며, 4℃ 물의 밀도는 1g/mℓ이다. **밀도(密度)**는 온도, 색, 농도 등과 함께 물질의 양이 증가해도 변하지 않는 성질을 지니고 있는데, 이러한 성질을 세기성질이라고 하며, 반면에 질량, 부피, 열량 등은 물질의 양에 비례하여 증가하므로 크기 성질이라고 한다.

일반적으로 밀도는 고체 〉 액체 〉〉 기체의 순이지만, 물의 경우는 예외적으로 수소결합에 의해 고체의 부피가 액체의 부피보다 커 액체 〉 고체 〉〉 기체 순으로 밀도가 크다. 고체나 액체의 경우 밀도는 온도나 압력이 변해도 거의 변화하지 않으나 기체의 경우에는 온도가 올라갈수록 기체 분자의 운동이 활발해져 부피가 커지게 되므로 밀도가 작아지는 반면, 압력이 높아지게 되면 부피가 작아져 밀도가 커진다.

1ℓ의 체적을 가진 기체의 질량과 표준 상태(0℃, latm)에서 공기 1ℓ의 질량을 구해 보면, 공기는 N_2가 78%, O_2가 21%, Ar이 1%인 용량 %의 혼합 기체이며, 1mol의 질소는 28g, 산소는 32g, 아르곤이 40g이므로 평균 질량은,

$$28\times\frac{78}{100}+32\times\frac{21}{100}+40\times\frac{1}{100}=28.9g$$ 이다.

따라서 표준 상태에 있어서 체적은 22.4ℓ이므로 28.9g÷22.4ℓ=1.29g/ℓ가 공기의 밀도이며, 물의 밀도(ρ)는 $\rho=1{,}000kg_f/m^3=1{,}000N\cdot s^2/m^2=102kg_f\cdot s^2/m^4$이다. 그리고 밀도의 역수를 **비체적**(specific volume)이라고 한다.

비중량(比重量)은 물질의 단위 체적당의 중량이며, 중량이 질량에 중력가속도를 곱한 값이므로 밀도에 중력가속도를 곱하면 물질의 비중량이 된다.

1기압, 4℃일 때 물의 비중량(γ) $\gamma=9{,}800N/m^3=1{,}000kg_f/m^3$이며, 0℃, 760mmHg의 건조한 공기의 비중량 $\gamma=1.29kg_f/m^3$이다.

밀도, 비중량, 비체적(比體積, v)에 대한 상호 관계식은 다음과 같다.

밀 도 $\rho=\frac{m}{V}$

비중량 $\gamma=\frac{W}{V}=\frac{m\,g}{V}=\rho\,g$

비체적 $v=\frac{1}{\rho}=\frac{V}{W}$

예제 체적 $20m^3$, 중량 5000kg인 기름의 비중량, 밀도, 비중, 비체적을 각각 계산하시오.

풀이 비중량 ⇨ $\gamma = \frac{W}{V} = \frac{5000}{20} = 250kg/m^3$

밀 도 ⇨ $\rho = \frac{\gamma}{g} = \frac{250}{9.8} = 25.51kg \cdot s^2/m^4$

비 중 ⇨ $s = \frac{\gamma}{1000} = \frac{250}{1000} = 0.25$

비체적 ⇨ $v = \frac{V}{W} = \frac{20}{5000} = 0.04m^3/kg$ 또는 $v = \frac{1}{\gamma} = \frac{1}{250} = 0.04m^3/kg$

예제 표준 상태(0℃, 760mmHg)에서 공기의 비중량은 $1.293kg/m^3$이다. 공기의 비체적 및 밀도를 구하시오.

풀이 비체적 ⇨ $v = \frac{1}{\gamma} = \frac{1}{1.293} = 0.7734m^3/kg$

밀 도 ⇨ $\rho = \frac{\gamma}{g} = \frac{1.293}{9.8} = 0.132kg \cdot s^2/m^4$

예제 표준 상태에서 산소, 질소, 암모니아, 염소의 비중을 각각 구하시오.

풀이

- 산소는 22.4ℓ가 32g이므로 밀도= $\frac{32}{22.4} = 1.43g/\ell$이다.
  비중=1.43g/ℓ÷1.29g/ℓ=1.1(공기보다 10% 정도 무겁다)
- 질소는 22.4ℓ가 28g이므로 밀도= $\frac{28}{22.4} = 1.25g/\ell$이다.
  비중=1.25g/ℓ=0.97(공기보다 3% 정도 가볍다)
- 암모니아는 22.4ℓ가 17g이므로 밀도= $\frac{17}{22.4} = 0.76g/\ell$이다.
  비중=0.76g/ℓ÷1.29g/ℓ=0.59(공기보다 41%가 가볍다)
- 염소는 22.4ℓ가 71g이므로 밀도= $\frac{71}{22.4} = 3.17g/\ell$이다.
  비중은 3.17g/ℓ÷1.29g/ℓ=2.46/ℓ(공기보다 약 2.5배 무겁다.)

1-3 물질의 상태 변화

대부분의 물질은 고체 상태일 때 입자 사이의 간격이 좁고 규칙적으로 배열되어 있다. 고체 상태의 물질은 일정한 겉모양을 가지고 있으며, 겉모양과 크기가 쉽게 변하지 않는다. 그러나 고체 물질을 가열하면 각각의 입자들은 운동이 활발해져 주변 입자들 사이의 인력을 끊고 액체 상태가 된다.

액체 상태의 입자들은 담긴 그릇의 모양에 따라 모습이 쉽게 변하지만 부피는 일정하다. 액체 상태의 물질에 계속 열을 가하면 입자들은 기체 상태로 변한다. 기체 상태의 입자들은 고체나 액체에 비해 서로 멀리 떨어져 있고 활발하게 운동하기 때문에 부피가 크게 늘어나므로 어떤 그릇에 담아도 그릇 전체의 부피를 차지하려고 할 뿐 아니라 쉽게 변한다.

물질은 상태에 따라 열에너지의 양이 다르다. 즉, 기체는 액체보다, 액체는 고체보다 많은 열에너지를 가지고 있기 때문에 물질을 구성하는 입자들은 주위에서 열을 흡수하거나 주위에 열을 방출하면서 상태가 변할 수 있다.

물질이 상태 변화할 때는 반드시 열의 출입이 뒤따른다. 예를 들어 고체 → 액체 → 기체로 상태가 변할 때는 열을 흡수하고, 그 반대일 때는 열을 방출한다. 이때 이동하는 열은 주위에 영향을 미치게 되는데, 열을 흡수할 경우 주위의 열을 빼앗기 때문에 주위가 시원해지고, 열을 방출할 경우 주위에 열을 내놓기 때문에 주위가 따뜻해진다.

물질의 상태 변화 용어

■ 융 해 : 고체가 액체로 변하는 현상

예 : 초콜릿을 뜨거운 곳에 두었더니 녹았다.

■ 응 고 : 액체가 고체로 변하는 현상

예 : 양초의 촛농이 다시 하얗게 굳었다.

■ 기 화 : 액체가 기체로 변하는 현상

예 : 물을 끓였더니 물이 줄어들었다.

■ 액 화 : 기체가 액체로 변하는 현상

예 : 목욕탕 천장에 물방울이 맺혔다.

■ 승 화 : 기체가 액체를 거치지 않고 직접 고체로 변하는 현상
또는 고체가 직접 기체로 변하는 현상

☞ 승화성 물질 : 나프탈렌, 요오드, 드라이아이스
예 : 옷장 속에 넣어 두었던 나프탈렌의 크기가 줄어들었다.

(1) 열에너지를 방출하는 상태 변화 : 액화 · 응고 · 승화(기체 → 고체)

① 에스키모인들은 얼음집 안의 온도를 높이기 위해 바닥에 물을 뿌린다.
② 화초가 냉해를 입는 것을 막기 위해 화초에 물을 뿌려 준다.
③ 호수로 둘러싸인 도시는 초겨울 다른 지역에 비해 따뜻하다.

(2) 열에너지를 흡수하는 에너지 상태 : 기화 · 융해 · 승화(고체 → 기체)

① 무더운 여름날 마당에 물을 뿌리면 시원하게 느껴진다.
② 주사를 맞을 때 알코올을 바르면 시원하게 느껴진다.
③ 열이 많이 날 때 물을 적신 수건으로 몸을 닦아 체온을 떨어뜨린다.

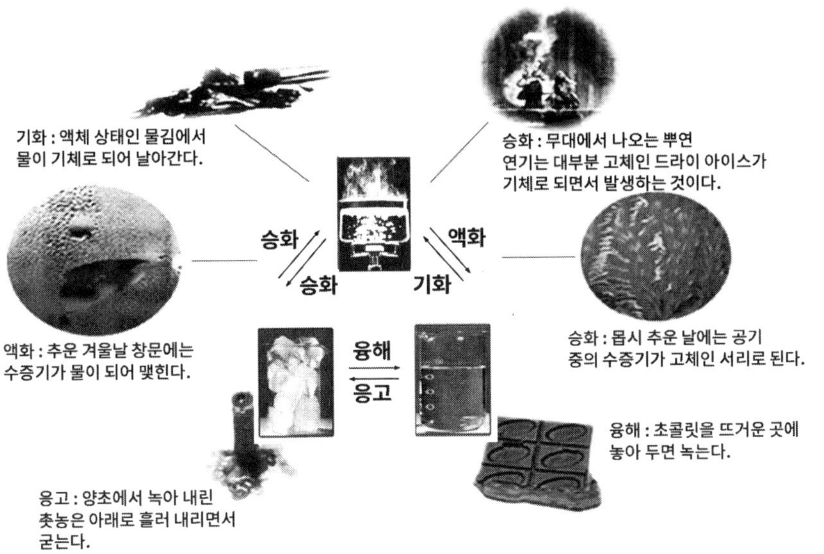

그림 1-1 물질의 상태 변화

1. 현열(Sensible heat)

물체의 온도가 가열, 냉각에 따라 변화하는 데 필요한 열량으로 **감열(感熱)**이라고도 하며, 물질의 상태 변화가 없이 물질의 온도를 올리는데 사용되는 열을 **현열(顯熱)**이라 한다.

공장 등에서 현열은 폐열 이용의 대상이 되는 열량이며, 보통 열교환기, 폐열 보일러를 통해 회수된다. 정유소에서는 원유 증류의 경우 유출류가 지닌 현열을 이용하여 원유와 열교환 시켜 원유의 가솔린분을 유출할 수 있다. 발전소에서 대량의 냉각배수는 온폐수라 불리며 그 현열의 이용이 고려되고 있다.

현열 계산식 : $Q = G \times C \times \Delta t$

① Q : 열량(kcal)	② G : 질량(kg)
③ C : 비열(kcal/kg℃)	④ Δt : 온도차(℃)
✍ 얼음의 비열 : 0.5kcal/kg℃	✍ 물의 비열 : 1kcal/kg℃

2. 잠열(Latent heat)

물질의 상태가 기체와 액체, 또는 액체와 고체 사이에서 변화할 때 흡수 또는 방출하는 열이 발생하는데, 예로서 얼음이 녹아 물이 될 때는 둘레에서 열을 흡수하고, 거꾸로 물이 얼어 얼음이 될 때는 같은 양의 열을 방출한다.

이와 같은 경우, 열의 출입이 있더라도 온도는 변하지 않으므로 이 열을 **잠열(潛熱)**이라 하고, 온도를 올렸을 때 생기는 변화에서는 잠열의 흡수가, 그 반대의 변화에서는 잠열의 방출이 일어난다. 알코올을 피부에 댔을 때 차게 느껴지는 것은 알코올이 기화할 때 피부로부터 잠열을 빼앗기 때문이다.

숨은 열은 온도계에 나타나지 않으며, 융해열(latent heat of fusion)은 고체에서 액체로 상변화를 일으키는 데 필요한 잠열이고, 기화열(latent heat of vaporization)은 액체에서 기체로 상변화를 일으키는 데 필요한 잠열이다. 예를 들어 대기압에서 얼음의 융해열은 333kJ/kg(=80cal/g)이고, 물의 기화열은 226kJ/kg(=539cal/g)이며, 0℃일 때 물의 증발 잠열(기화 잠열) 또는 수증기의 응축 잠열은 대체로 597.3kcal/kg이다.

융해열은 분자 간의 결합을 끊고 물체를 규칙적인 고체 구조에서 비규칙적인 액체 상태로 바꾸는 데 필요한 일과 같다. 기체 상태에서 원자 사이의 평균 거리는 액체나 고체 상태보다 훨씬 크기 때문에 물질을 녹이는 것보다 기화시키는 데 더 많은 일이 필요하다는 것을 알 수 있다. 그러므로 물질의 기화열이 융해열보다 훨씬 크다는 사실은 당연한 것이다.

냉방기가 공기 중의 습기를 물로 바꾸어 실내 습도를 낮추는 능력이 잠열 능력이고, 습도 변화 없이 공기의 온도만 낮추는 능력이 현열 능력이다. 냉매의 증발 온도가 높을수록 상대적으로 현열 능력이 올라가기 때문에 증발기가 클수록 현열 능력이 올라간다.

우리나라처럼 여름이 고온다습한 나라에서는 공기 중에 있는 습기를 많이 제거해야 되기 때문에 잠열 능력이 많은 냉방기를 보급해야 하고, 중동처럼 여름에 습기가 적고 건조한 나라에서는 잠열 능력이 적고 현열 능력이 많은 냉방기를 보급해야 하는 것이다. 또한, 전산실 냉방을 위한 냉방기는 일반 주거용 냉방기보다 현열 능력이 매우 높아야 한다.

잠열 계산식 : $Q = G \times \gamma$

① Q : 열량(kcal)　② G : 질량(kg)　③ γ : 잠열(kcal/kg)

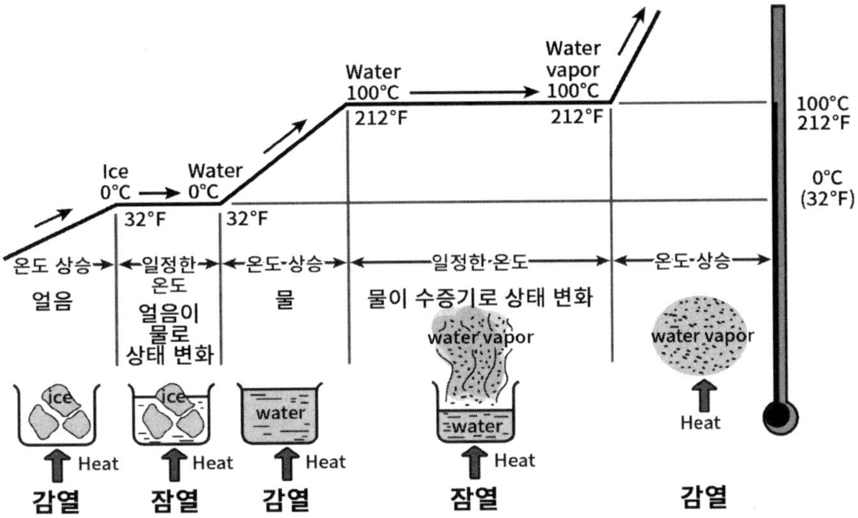

그림 1-2 물질의 상태 변화

현열이 수증기의 잠열로 변화되는 현상으로 땀(물)이 증발하면 많은 열(증발 잠열)을 피부로부터 빼앗아 피부가 냉각될 때, 여름철 뜨거운 지붕 위에 물을 뿌리면 물은 지붕으로부터 증발 잠열을 빼앗아 증발하고 지붕은 냉각될 때 시원함을 느끼게 된다.

예제 -5℃ 얼음 10kg을 100℃ 증기로 만들 때 필요한 총 현열량(kcal)과 총 잠열량(kJ)을 각각 구하시오. 단, 얼음의 비열은 0.5kcal/kg℃, 증발 잠열은 80kcal/kg이다.

풀이 현열

-5℃에서 0℃까지 : 10kg * 0.5kcal/kg℃ * [0-(-5)]℃ = 25 kcal

0℃에서 100℃까지 : 10kg * 1kcal/kg℃ * (100-0)℃ = 1,000 kcal

잠열

0℃에서 얼음이 녹는 열량 : 10kg * 80kcal/kg = 800 kcal

100℃에서 수증기로 변하는 열량 : 10kg * 539kcal/kg = 5,390 kcal

현열 합계 = 10 + 1,000 = 1,025 kcal

잠열 합계 = (800 + 5,390) × 4.2 = 25,998 kJ

예제 100℃의 수증기 1ton 을 -10℃의 얼음으로 만드는데 제거해야 할 열량(kJ)은 얼마인가?

풀이

① $Q_1 = G \times \gamma_1 = 1{,}000 \times 539 = 539{,}000$ kcal

② $Q_2 = G \times C_1 \times \Delta t = 1{,}000 \times 1 \times (100 - 0) = 100{,}000$ kcal

③ $Q_3 = G \times \gamma_2 = 1{,}000 \times 80 = 80{,}000$ kcal

④ $Q_4 = G \times C_2 \times \Delta t = 1{,}000 \times 0.5 \times (0 + 10) = 5{,}000$ kcal

∴ 539,000 + 100,000 + 80,000 + 5,000 = 724,000 × 4.2 = 3,040,800 kJ

제2편 열역학

제1장 열역학 기본 사항

1-1 열역학과 응용

열역학(thermodynamics)은 물질(substance)과 주위(surrounding) 사이 물리적 변화 및 화학적 반응에 의해서 생기는 에너지의 수수(授受)나 변화, 그로 인하여 생기는 형태 변화를 연구하는 학문, 즉 작동 물질(working substance)의 여러 성질에 관련된 에너지 전달을 취급하는 학문이 **열역학(thermodynamics)**이며, 그 공학적인 응용 분야를 연구 및 해석하는 것이 **공업 열역학(engineering thermodynamics or technical thermodynamics)**이다.

모든 공업 활동은 에너지와 물질 사이의 상호작용을 수반하기 때문에 열역학과 연관되지 않는 분야는 거의 없다. 그러므로 열역학의 기초 이론 및 응용에 대한 내용은 기계공학 교육의 필수적인 부분으로 인정되고 있다.

1. 열역학의 응용 분야

우리가 살고 있는 집은 열역학적인 물건들로 가득 찬 전시관이다. 대부분의 가정용품과 설비들은 전체적으로 또는 부분적으로 열역학 원리를 이용하여 설계된다. 예를 들면 전자레인지나 가스레인지, 에어컨, 냉장고, 히터, 가습기, 압력밥솥, 온수기, 샤워기, 다리미, 컴퓨터, TV 및 VCR 장치 등이다. 또한, 보다 규모가 큰 열기관(heat engine), 즉 내연기관(internal combustion engine), 증기원동기(steam power plant), 가스터빈(gas turbine) 등과 공기압축기(air compressor), 송풍기(blower), 냉동기(refrigerator), 열펌프(heat pump) 등 광범위하며, 또한 인체는 열역학의 흥미 있는 분야이다.

2. 열역학의 관점

열역학은 크게 두 가지 관점에서 볼 수 있는데, 하나는 열역학의 미시적인 관점(微視的觀點 : microscopic point of view)이고, 다른 하나는 열역학의 거시적인 관점(巨視的觀點 : macroscopic point of view)이다. 미시적 열역학은 분자 혹은 원자 수준, 또는 그보다 작은 기본적인 입자(소립자) 수준에서 물질의 상태를 설명해 주는 것이라고 할 수 있다. 보는 관점에 따라서 열역학은 물질에 관한 과학을 다루는 학문의 전부라고 말할 수도 있다. 거시적인 열역학에서는 열역학이 뜨거운 것에 관한 것이라고 쉽게 생각할 수 있는 것처럼, 사람이 측정하고 감지할 수 있는 범위 안의 대상을 다루게 될 것이다.

우리가 관심을 갖고 있는 에너지와 에너지 변환 장치, 이제부터 더 큰 관심을 끌기 시작하는 환경을 생각해 보면 열역학은 사람이 살아 있다는 것, 사람이 살고 있는 운명 전체가 걸려 있는 아주 광범위한 대상이라는 것을 알 수 있다.

기계공학에서 관심을 갖고 있는 열역학의 주제를 요약하면 다음과 같다. 우선, 물질은 무엇이며 그 물질의 성질은 무엇인가를 알아볼 것이다. 여러 가지 물질 중에서 특별히 물과 공기를 주로 다룰 것이며, 그 이유는 각종 에너지 변환 장치들과 같은 실제적인 응용에서 가장 많이 쓰이기 때문이다.

다음으로 에너지 보존 법칙, 즉 에너지는 저절로 생기거나 없어지지 않고 다만 한 형태에서 다른 형태로 바뀌어질 뿐이라는 것에 대하여 이야기 할 것이다. 에너지 보존 법칙은 많은 학생에게 이미 익숙한 개념일 것이다. 여기서 우리는 이 원칙을 실질적인 장치(이미 존재하거나, 앞으로 있을 수 있는 장치)를 해석하는데 응용하게 될 것이다. 마지막으로 상태가 변하는 과정에는 이미 정해져 있는 방향이 있다는 것, 즉 한쪽 방향으로는 가능하지만 되돌릴 수는 없는 방향성이 있다는 것을 알아볼 것이며 엔트로피와 열역학 제2법칙이라는 형태로 체계화할 것이다.

이러한 기본적인 지식을 기반으로 구체적인 에너지 변환 장치가 어떻게 운전되고, 어떻게 설계되는가를 알아보는 것이 중요하다. 가장 대표적인 것은 열을 이용하여 동력을 만드는 동력 사이클과, 동력을 사용하여 열을 이동시키는 냉동 사이클이다.

1-2 열역학 용어

1. 계(System, 系)

열역학에서 사용되는 계라는 용어는 열역학적 고찰을 위해 별도로 지정한 공간 혹은 물질의 임의 부분을 지칭하며, 열린계와 닫힌계가 있을 수 있다. 임의의 '계'가 정의됨으로써 계를 제외한 다른 모든 영역이 주변(surroundings)으로서 정의된다. 즉, 계 밖의 우주(universe)를 주변으로 정의할 수 있다.

(1) 열린계(open system)

에너지뿐만 아니라 물질까지 출입할 수 있으면 열린계 또는 유동(flow)계라 하며, 에너지를 보존하지 않는 계이기도 하다. 열린계라도 계가 완전히 열려 있는 것이 아니고 대부분 닫혀 있으며 특별한 부분만 열려 있다. 계의 닫힘성은 시스템을 환경으로부터 독립시키는 역할을 하며, 열림성은 시스템의 변화를 가능케 한다. 열린계가 질서를 만들어 낼 수 있는 것은 무작위로 주어진 에너지의 흐름, 즉 열에너지의 흐름을 기계적인 에너지(역학적인 에너지)로 바꾸는 데 있다.

(2) 닫힌계(closed system)

고립계에서 에너지의 출입이 자유로워지면 닫힌계가 되며, 물리적인 세계는 대부분 이 닫힌계이다. 즉, 열에너지는 확산에 의해 자유롭게 출입이 가능하기 때문에 고체 · 액체 · 기체의 물질 등 상태 변화가 일어나기도 한다. 그리고 시스템의 외부에서 내부의 에너지를 빼앗아 가면, 즉 온도가 내려가면 엔트로피의 값은 무시할 수 있을 정도로 작아진다.

열역학에서는 닫힌계란 열이나 일의 형태로 에너지를 외부와 주고받을 수 있지만 물질은 주고받지 않는 계를 뜻한다.

(3) 고립계(isolated system, 孤立系)

외계(外界)에서 완전히 독립되어 있는 계로 외계에서 무슨 일이 일어나더라도 계 내의 현상은 영향을 받지 않는다. 즉, 에너지나 물질 교환 등 외부와 아무런 상호작용도 하지 않는 계로서 외계와의 사이에 외부와 열, 일, 물질 모두를 주고받지 않으므로 계의 내부에너지가 변하지 않으며, 열역학 제2법칙에 따르면 고립계의 엔트로피는 일정하거나 또는 증대한다. 우주 자체는 바로 가장 완벽한 고립계이다.

2. 가역 과정(Reversible process, 可逆過程)

계의 상태 변화가 미소 변화를 일으키며 진행되어, 계와 주변 환경에 아무런 변화를 일으키지 않고 원래대로 되돌아올 수 있는 변화 과정이다. 즉, 계의 어떤 특성이 무한소만큼씩 변화함으로써 그것의 방향이 역이 될 수 있는 과정으로 정의된다.

3. 비가역 과정(Irreversible process, 非可逆過程)

열역학에서 어떤 계가 열역학적 과정을 통해 상태가 변해서 원래와는 다른 상태가 되었을 때, 그 계가 스스로 원래 상태로 돌아가지 않는 경우의 과정이며, 일반적으로 자연계에서 일어나는 변화 과정은 비가역 과정이 대부분을 차치하고, 비가역 과정을 거치면 계와 외부의 엔트로피의 합은 항상 증가한다.

일상생활에서 흔히 볼 수 있는 비가역 과정의 몇 가지 사례들은 다음과 같다.

- 온도가 높은 곳에서 낮은 곳으로 열이 흐르는 과정
- 마찰열이 발생하는 과정
- 제어되지 않은 채 유체의 부피가 커지는 과정
- 소성 변형(plastic deformation)
- 저항기에 흐르는 전류에 의한 열 발생 현상
- 자발적인 화학반응
- 여러 종류의 물질이 섞이는 현상

4. 사이클(Cycle)

어느 상태에서 어떤 상태를 거쳐 다시 원래의 상태로 돌아가는 순환적 과정의 고리를 일반적으로 사이클 또는 순환 과정이라 한다.

열역학적 사이클은 물질계의 열역학적 상태를 점차 바꾸어도 그 상태까지 되돌아오는 순환 조작의 1사이클 간에 물질계에 출입하는 에너지를 논하는 것이다. 즉, 열기관, 냉동기 등에서 동작 물질이 어떤 상태에서 출발하여 여러 가지 상태 변화를 거치고 원래의 상태로 복귀할 때의 일련의 과정이다.

5. 단열(Heat insulation, 斷熱)

열이 전달되는 것을 막는 것으로 외부에서 주어진 열을 얻거나 열을 빼앗은 경우도 없는 상태에서 기체 또는 다른 유체가 압축되거나 팽창되면서 열을 잃거나 얻지 않을 때의 압력과 부피와의 관계를 말한다. 단열 상태에서 압축은 온도의 증가를 가져오고, 팽창은 온도의 감소를 가져온다.

6. 평형상태(Equilibrium state, 平行狀態)

어떤 계의 상태가 시간에 따라 변하지 않고 물질이나 에너지 등의 흐름도 없는 상태를 뜻한다. 평형상태에서는 계를 특징짓는 온도, 압력, 부피 등 열역학적 특성들이 시간에 따라 변하지 않는다. 평형상태는 어떤 계가 충분한 시간을 외부와 상호작용하다 보면 도달하게 되는 안정적인 상태이다.

예를 들면 화학평형은 물질이 변화하지 않는 예이며, 열평형 또는 온도평형은 계의 어느 부분의 온도도 똑같아서 열에너지가 이동하지 않는 것이다.

7. 정상상태(Steady state, Stationary state, 定常狀態)

유체의 흐름, 열 및 물질이동 등의 동적 현상에서 각각의 상태를 결정하는 여러 가지 상태량이 시간적으로 변하지 않을 때이며, 물질이 계 내로 유입 혹은 방출될 수는 있지만 계 자체는 변화하지 않고 계의 에너지가 불연속으로 일정한 값들을 가지고 있는 상태이다.

8. 흑체(Black body, 黑體)

물체는 스스로 복사선을 방출함과 동시에 외부로부터 복사선의 일부를 흡수하는데, 그 중에서 입사하는 모든 복사선을 완전히 흡수하는 물체를 말하며, 그와 같은 물체는 빛을 반사시키지 않으며 자체발광을 하지 않는 충분히 낮은 온도에서 검게 보인다.

흑체의 한 예로서, 램프의 검댕이나 비스무트의 검댕과 같은 물감을 여러 층으로 중착시킨 임의의 물체를 들 수 있다. 완전 흑체는 흡수능(吸收能)이 1, 즉 100%인 물체로, 완전흑체는 현실적으로 존재하지 않으나 백금흑(白金黑)을 비롯하여 이것에 가까운 물체는 많다.

9. 용매(Solvent, 溶媒)

어떠한 용액이 존재할 때 용질을 녹여 용액을 만드는 물질로 용제(溶劑)라고도 하며, 소금물에서 소금은 용질, 물은 용매이다. 일반적으로 용매는 대부분 액체이고, 고체와 액체의 혼합물에서는 액체가 용매이고 고체가 용질이며, 액체와 액체가 섞어진 화합물에서는 양이 더 많은 액체가 용매이다.

10. 용질(Solute, 溶質)

용매(溶媒)에 용해하여 용액을 만드는 물질, 예를 들면 소다수에는 이산화탄소(탄산가스), 술에는 알코올, 바닷물에는 소금이 녹아 있는데, 이들은 모두 물을 용매로 하는 용질이다.

11. 용액(Solution, 溶液)

분자 수준에서 두 가지 이상의 화학종이 균질로 분산되어 있는 액상의 균일계이다. 용액의 생성은 용매분자와 용질분자 간의 분자 간 상호작용에 의하며, 이 상호작용은 '용매화'라고도 한다.

다시 말하면 기체, 액체, 고체 상태의 용질이 액체 상태의 용매에 녹아 있는 혼합물, 즉 물질의 상태와 관계없이 서로 다른 물질들이 균일하게 섞여 있으면 용액이라고 할 수 있다.

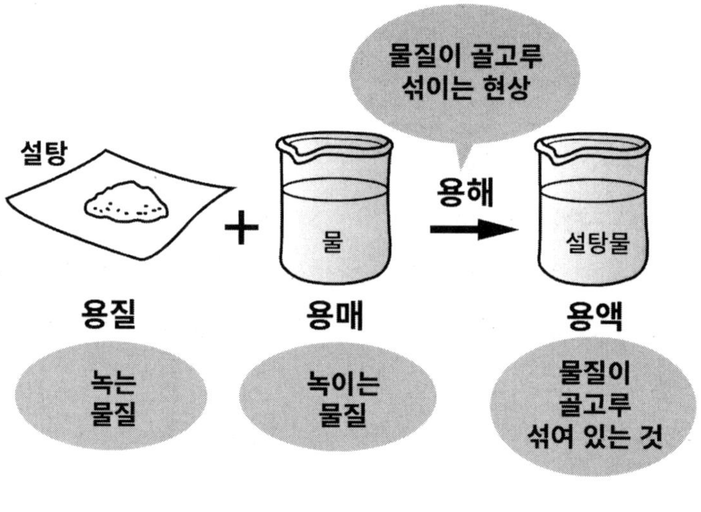

1-3 온도(Temperature)와 열(Heat)

1. 온도(溫度)

물체의 차고 뜨거운 정도를 수량으로 나타낸 것으로 물리적으로는 열평형상태를 특정짓고 열이 이동하는 경향을 나타내는 양이며, 미시적으로는 물질 구성 입자의 아주 미세한 내부운동(열운동)의 에너지 분포를 정하고, 그 평균값의 표준이 되는 양이다. 따라서 통계역학에서는 온도를 물질 내에 있는 원자 또는 분자의 평균 운동에너지라고 정의하고 있다.

온도를 나타내는 단위는 섭씨온도, 화씨온도, 절대온도 세 가지가 있다.

(1) 섭씨온도(Celsius temperature scale)

가장 많이 쓰는 섭씨온도는 표준 대기압 하에서 얼음이 녹는점(물이 고체에서 액체로 상변화를 일으키는 점)을 0℃, 끓는점(물이 액체에서 기체로 상변화를 일으키는 점)을 100℃로 정하여 그 사이를 100등분하여 단위로 정한 온도 단위이다.

(2) 화씨온도(Fahrenheit's temperature scale)

미국과 유럽에서 주로 쓰는 화씨온도는 표준 대기압 하에서 물의 녹는점을 32°F, 끓는점을 212°F로 정하여 그 사이 구간을 180등분한 것이다.

(3) 절대온도(Absolute temperature)

물질의 특이성에 의존하지 않는 절대적인 온도로, **켈빈온도** 또는 **열역학적 온도**라고도 한다. 즉, 열역학 제2법칙에 따라 정해진 온도로, 이론상 생각할 수 있는 최저온도를 기준으로 한 온도인 **절대영도(absolute zero point , 絶對零度)**를 0K, 물의 삼중점(三重點)을 273.16K로 정의한다.

그리고 랭킨온도(degree-Rankine)가 있는데 **화씨절대온도**라고도 하며, 화씨온도 −459.67°F를 기점으로 하여 측정한 온도이다.

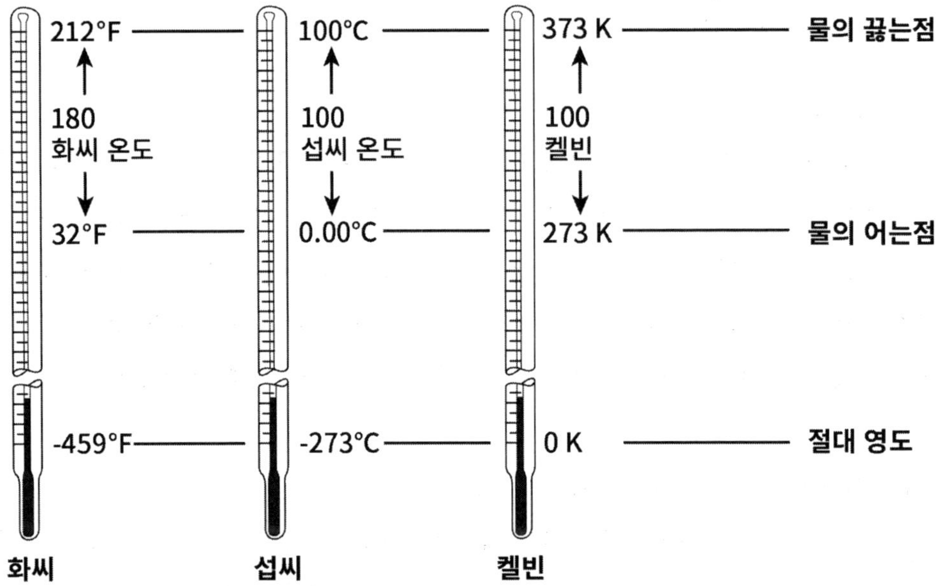

(4) 온도 단위 변환

온도 눈금의 기준이 되는 온도 정점(fixed point of temperature, 溫度定點)은 국제적으로 정해져 있으며, 삼중점, 응고점, 끓는점이 사용되고 있다.

삼중점은 물질의 상태가 특정한 온도, 압력에서 고체상, 액체상, 기체상의 3상이 모두 평형을 이루어 공존하는 상태이며, 물의 3중점은 0.009℃의 온도와 4.58mmHg 압력일 때로 공기가 없는 순수한 물은 이 상태에서 물+얼음+수증기가 동시에 존재한다.

이 물 · 수소 · 산소의 3중점은 국제 온도 눈금의 정점으로 선정되어 있으며, 물의 3중점은 열역학적 온도의 단위인 켈빈(K)을 정의하는 기본 고정점이다.

표 2-1 온도의 정점

정의 정점	절대온도(K)	섭씨온도(℃)
평형수소의 3중점	13.81	-259.34
평형수소의 17.042K점	17.042	-256.108
평형수소의 끓는점	20.28	-252.87
네온의 끓는점	27.102	-246.087
산소의 3중점	54.361	-218.789
산소의 끓는점	90.188	-182.962
물의 3중점	273.16	0.01
물의 끓는점	373.16	100
주석의 응고점	505.118	231.968
아연의 응고점	692.73	419.58
은의 응고점	1235.08	961.93
금의 응고점	1337.58	1064.43

기체는 일정한 압력에서 온도 1℃올릴 때마다 0℃일 때의 체적의 1/273씩 증가한다. 다시 말하면 완전 가스는 일정한 체적 하에서 온도 1℃ 내릴 때마다 0℃일 때의 압력의 1/273씩 압력이 떨어져 결국 −273℃에서는 기체 압력이 0이 되어 기체의 분자운동이 정지된다. 이와 같이 −273℃는 물질의 분자운동에너지가 0이 되는 최저 극한온도로서 이것을 **절대영도(絶對零度)**라 한다.

온도의 눈금에 따라 섭씨온도(℃) · 화씨온도(°F) · 절대온도(K) · 랭킨온도(R) 등이 있으며, 다음의 변환식을 통해 서로 변환할 수 있다.

$T_C = \frac{5}{9}(T_F - 32)$ ➡ 화씨온도를 섭씨온도로

$T_F = \frac{9}{5}T_C + 32$ ➡ 섭씨온도를 화씨온도로

$T_K = T_C + 273$ ➡ 섭씨온도를 절대온도로

$T_R = T_F + 460 = 1.8\,T_K$ ➡ 화씨온도를 절대온도로

여기서 T_C는 섭씨온도, T_F는 화씨온도, T_K는 섭씨 절대온도, T_R은 화씨 절대온도를 의미한다.

예제 우리의 체온에 가까운 98.6°F는 섭씨로 몇 도이며, 실내온도로 적당한 20℃는 화씨로 몇 도인가? 또 여기서 구한 값을 절대온도로 환산하시오.

풀이 98.6°F ⇨ $T_C = \frac{5}{9}(T_F - 32) = \frac{5}{9}(98.6 - 32) = 37℃$

$T_K = T_C + 273 = 37 + 273 = 310K$

20℃ ⇨ $T_F = \frac{9}{5}T_C + 32 = \frac{9}{5} \times 20 + 32 = 68°F$

$T_R = T_F + 460 = 68 + 460 = 528R$

예제 섭씨온도와 화씨온도의 눈금이 일치하는 온도는 얼마인가?

풀이 $T_F = \frac{9}{5}T_C + 32$ 식에서 같아지는 온도를 χ라 놓고 정리하면 다음과 같다.

$$\chi = \frac{9}{5}\chi + 32 \qquad \left(\frac{9}{5} - 1\right)\chi = -32$$

$$\therefore \chi = \frac{5}{4} \times (-32) = -40°$$

예제 100℃를 화씨온도와 Kelvin온도 및 Rankine 온도로 각각 나타내시오.

풀이 $T_F = 1.8T_C + 32 = 1.8 \times 100 + 32 = 212°F$

$T_K = T_C + 273 = 100 + 273 = 373K$

$T_R = T_F + 460 = 212 + 460 = 672°R$

2. 열(熱)

고온의 물체에서 저온의 물체로 이동하는 에너지이며, 물질의 온도 변화가 있게 하는 원인이다. 열은 일을 할 수 있고, 다른 에너지로 전환되기도 한다.

열은 항상 온도가 높은 물체에서 낮은 물체로 이동하며, 저절로 온도가 낮은 물체에서 높은 물체로 이동하지 않는다.

한 물체에서 다른 물체로 열이 이동할 때 두 물체는 열적 접촉을 하고 있다고 하며, 열적 접촉의 경우, 고온체에서 저온체로 열이 이동한다. 예를 들면 큰 그릇에 담긴 따뜻한 물은 빨갛게 달구어진 압정보다 전체 분자 운동 에너지가 크다. 그러나 이 압정을 물에 넣으면 열이 물에서 압정으로 이동하지 않고 압정에서 물로 이동한다. 또한, 양동이에 가득 찬 따뜻한 물의 분자 운동 에너지의 총합은 커피 잔에 있는 뜨거운 물의 분자 운동 에너지의 총합보다 크다.

☞ 열의 성질

① 열은 온도가 높은 곳에서 낮은 곳으로 물체를 통해서 이동해 가는 분자의 운동에너지이다.

② 물체에서 열을 빼앗으면 물체의 온도는 내려가고, 열을 주면 물체의 온도는 올라간다.

③ 모든 물체는 분자나 원자로 구성되어 있고, 이것들은 계속 운동을 하며, 이 운동은 온도가 높을수록 더 활발하다.

④ 온도가 높은 물체의 분자는 온도가 낮은 물체보다 운동에너지가 크므로 온도가 높은 물체와 낮은 물체를 접촉시켜 놓으면 충돌에 의해서 에너지가 큰 분자는 에너지가 작은 분자에게 에너지를 전달해 준다.

1-4 비열(Specific heat)

단위 중량의 물질 온도를 단위 온도 만큼 올리는데 필요한 열량으로 단위는 kcal/kg℃, Btu/1b°F, Chu/1b℃, J/kg℃, SI단위는 J/kgK를 사용한다. 비열의 특성은 어느 단위계로 표시되어도 동일 물질에 대해서는 같은 값을 가지며, 1kcal/kg℃=1Btu/1b°F=1Chu/1b℃가 된다.

비열(比熱)은 물질의 온도 상승에 대한 기준으로서 동일 중량이라도 비열이 작을수록 덥히거나 식히기 쉽다. 즉, 같은 질량의 물체를 데우거나 식힐 때 비열이 큰 물질일수록 온도 변화가 작고 시간이 오래 걸린다.

비열의 값은 같은 물질에 있어서도 온도 변화와 더불어 체적이 변화(팽창, 수축)하기 때문에, 정압비열과 정적(定積)비열로 구분되는데, 일반적으로 평균비열로 표시한다. 정압비열은 압력을 일정하게 유지하면서 가열할 때의 비열이고, 정적비열은 체적을 일정하게 유지하면서 가열할 때의 비열로 항상 정압비열이 크다.

기체의 경우 정적비열에 대한 정압비열의 비, $\kappa = \dfrac{C_p}{C_v} \geq 1$를 비열비(specific heat ratio) 또는 단열비(adiabatic exponent)라 하고, 기체의 종류에 따라 다르다. 정적비열이 크다는 것은 자체적으로 에너지를 많이 축적할 수 있음을 의미하므로 연소할 때 발생되는 열량 중 많은 부분이 내부에너지 증가에 사용된다. 반대로 정압비열이 크다는 것은 외부에 일을 하는데 열량을 더 많이 사용함을 의미한다.

(1) 비열의 특징

① 비열은 물질마다 다르므로, 물질을 구별하는 특성이 되므로 같은 물질이면 비열이 같다.

② 일반적으로 액체의 비열이 고체의 비열보다 크기 때문에 같은 질량의 액체와 고체에 같은 열량을 가하면 액체가 고체보다 온도가 천천히 올라간다.

③ 비열이 클수록 온도를 높이는 데 많은 열량이 필요하므로 온도가 잘 변하지 않는다.

(2) 일상생활에서의 비열에 의한 현상

① 가정의 보일러는 비열이 큰 물을 데워 난방을 한다.

② 자동차 엔진의 냉각수로 비열이 큰 물을 사용한다.

③ 찜질 팩 속에 비열이 큰 물질을 넣어 오랫동안 따뜻함을 유지한다.

④ 비열이 큰 뚝배기는 뜨거운 상태를 오랫동안 유지해야 하는 음식을 요리할 때, 비열이 작은 금속 냄비는 음식을 빨리 요리할 때 사용한다.

(3) 자연에서의 비열에 의한 현상

① 해안 지역에서는 낮에는 해풍, 밤에는 육풍이 분다.

② 해안 지역은 내륙 지역보다 기온 변화가 작다.

③ 낮에는 모래가 바닷물보다 뜨겁지만, 밤에는 모래가 바닷물보다 차갑다.

④ 사막 지역은 해안 지역보다 일교차나 연교차가 크게 나타난다. 해안 지역은 비열

이 큰 물이 사막 지역보다 많기 때문이다.

⑤ 우리 몸은 약 70% 정도가 물로 되어 있어 체온이 급격하게 변하는 것을 막아 준다.

1-5 열량(Quantity of heat)과 열용량(Heat capacity)

1. 열량(熱量)

물질의 분자 운동에너지의 한 형태로서 열의 출입에 따라 온도 및 상태 변화를 일으키게 되며 어떤 물질이 가지고 있는 열의 많고 적음을 나타낸 것이다.

다시 말하면, 열의 많고 적음을 나타내는 양, 즉 물질(物質)의 온도(溫度)를 높이는 데 필요(必要)한 열의 분량(分量)으로 역학적 일과 같은 양으로 환산할 수 있으며, 물질계 내부의 에너지의 변화에 기여하고(열역학 제1법칙), 물질계의 온도 변화나 증발 · 응고 등 상태 변화는 열량의 변화로 나타난다. 열의 단위인 칼로리(cal)는 국제단위계(SI)로 줄(J)과 와트초(W · s)로 나타낼 수 있다.

1kcal는 표준기압에서 1kg의 물의 온도를 1℃ 높이는데 필요한 열량을 말하며, 4.2kJ 또는 427kg · m의 일량과 같다(1J=427kg · m/kcal). 온도의 영향을 고려할 경우는 온도 범위를 14.5℃에서 15.5℃로 했을 때, 물 1kg을 1℃ 올리는데 필요로 하는 열량으로 한 15kcal 또는 물 1kg의 온도를 0~100℃까지 올리는데 필요한 열량의 1/100로 한 평균 kcal를 사용한다.

비열 C(kcal/kg℃)인 어떤 물질 Gkg을 온도 t_1℃에서 t_2℃로 만드는데 필요한 열량을 Qkcal라 하면, 다음 식과 같이 표시된다.

$$Q = GC(t_2 - t_1)$$

또한, 영 · 미의 열량단위로 순수한 물 1lb의 온도를 61.5°F로부터 62.5°F까지 1°F 상승시키는데 필요한 열량인 Btu(British thermal unit)와 1lb의 순수한 물의 온도를 14.5℃로부터 15.5℃까지 높이는데 필요한 열량으로 kcal와 Btu를 조합한 Pcu(Pound celsius unit) 또는 Chu(Centigrade heat unit)가 있으며, 이들 사이의 관계는 다음과 같다.

① 1cal : 표준 대기압 하에서 순수한 물 1g을 1℃ 올리는데 필요한 열량 (CGS 단위)

② 1kcal : 표준 대기압 하에서 순수한 물 1kg을 1℃ 올리는데 필요한 열량 (MKS 단위)

③ 1Btu : 표준 대기압 하에서 순수한 물 1lb를 1°F 올리는데 필요한 열량 (FPS 단위)

④ 1Chu : 표준 대기압 하에서 순수한 물 1lb를 1℃ 올리는데 필요한 열량

⑤ 1Therm : 100,000Btu

표 2-2 열량의 단위 관계

평균 kcal	Btu	Pcu(Chu)	일량(kg · m)	열량(kJ)
1	3.968	2.205	427	4.187
0.252	1	0.556	107.6	1.055
0.4536	1.8	1	193.6	1.899
0.239	0.948	0.527	102	1

중량 (G_1, G_2), 비열 (C_1, C_2), 온도(t_1, t_2)인 두 물질을 혼합했을 때 화학 변화와 열의 손실이 없다고 가정하면 고온 물체가 냉각될 때 방출하는 열량, 다시 말하면 포화온도가 될 때까지 물에 가한 열량인 현열(감열) Q는 그대로 저온의 물체를 가열하는 데 사용되므로 다음 식이 성립된다. t_m은 열평형 후의 온도이며, $t_1 > t_2$ 라 한다.

$$Q = G_1 C_1 (t_1 - t_m) = G_2 C_2 (t_m - t_2)$$

$$\therefore \ t_m = \frac{G_1 C_1 t_1 + G_2 C_2 t_2}{G_1 C_1 + G_2 C_1}$$

2. 열용량(熱容量)

어떤 물질의 온도를 1℃ 또는 1K 높이는데 필요한 열량으로 열을 가하거나 빼앗을 때 물체의 온도가 얼마나 쉽게 변하는지를 알려주는 값이다. 같은 질량의 물체라도 열용량이 큰 물체는 온도가 잘 변하지 않는 반면, 열용량이 작은 물체는 조금만 열을 가감해도 쉽게 온도 변화를 일으킨다. 열용량의 단위는 kcal/℃ 또는 J/K를 사용한다.

어떤 물질에 가해준 열량이 Q이고, 가열에 의한 온도 변화가 Δt 라면 이 물질의 열용량 q_c는 다음과 같다.

$$q_c = \frac{Q}{\Delta t} = \frac{Q}{t_2 - t_1}$$

같은 양의 열을 가할 때 온도 변화가 적으면 물질의 열용량은 크고, 온도 변화가 크게 나타나면 물질의 열용량은 작다.

예제 2500kcal를 But와 Chu의 단위로 환산하시오.

풀이 2500kcal=3.968×2500=9920Btu
2500kcal=2.205×2500=5513Chu

예제 공기의 정압비열은 C_p=0.2405+0.000019·t인 관계를 가진다. 이 경우 3kg의 공기를 0℃에서 300℃까지 높이는데 필요한 열량을 구하시오. 또 평균비열은 얼마인가?

풀이 ① $Q = G\int_{t_1}^{t_2} C_p dt = 3\int_{0}^{300} (0.2405 + 0.000019 \cdot t)dt$

$= 3(0.2405 \times 300 + 0.000019) \times \frac{300^2}{2}$

$= 219kcal$

② $C = \frac{Q}{G(t_2 - t_1)} = \frac{219}{3(300-0)} = 0.2433kcal/kg℃$

예제 0.08m^{3}의 물에 700℃의 쇳덩어리를 30kg 넣었더니 그 평균온도는 18℃가 되었다. 물의 온도 상승을 구하시오. 단, 철의 비열은 0.14kcal/kg℃이며, 물과 용기와의 열교환은 무시한다.

풀이 $G_1C_1(t_1 - t_m) = G_2C_2(t_m - t_2)$

$30 \times 0.145(700 - 18) = 0.08 \times 1{,}000 \times 1(t_m - t_2)$

$\therefore \Delta t = t_m - t_2 = 37℃$

예제 중량 3kg인 철제 용기(비열 0.106kcal/kg℃)에 22℃의 물이 0.02m^3 들어 있다. 그 속에 200℃인 알루미늄 4kg을 넣었더니 29℃로 되었다. 알루미늄의 비열은 얼마인가?

풀이 $Q = G_1C_1(t_m - t_1) + G_2C_2(t_m - t_1)$

$= 3 \times 0.106 \times (29 - 22) + 0.02 \times 1{,}000 \times 1(29 - 22) ≒ 147kcal$

$C = \frac{Q}{G(t_2 - t_m)} = \frac{147}{4(200-29)} = 0.215kcal/kg℃$

예제 어떤 물체의 온도를 2℃ 높이는데 10kcal의 열량이 필요하다. 같은 조건에서 5°F 올리려면 몇 kcal의 열량이 소요되는가?

풀이 $Q = GC\Delta t = \left(\frac{10kcal}{2℃}\right) \times 5°F \times \left(\frac{1℃}{1.8°F}\right) = 13.9\,kcal$

예제 현열 30℃의 물 500kg과 30℃의 물 1,000kg을 혼합하면 혼합된 후의 물의 온도는?

풀이
$$t_m = \frac{G_1C_1t_1 + G_2C_2t_2}{G_1C_1 + G_2C_2}$$
$$= \frac{500 \times 1 \times 90 + 1000 \times 1 \times 30}{500 \times 1 + 1000 \times 1}$$
$$= 50℃$$

1-6 일과 에너지 및 동력(Work and Energy and Power)

1. 일(Work)

물체에 일정한 힘 F를 가하여 그 힘의 방향으로 거리 S만큼 이동시켰을 때 작용한 힘은 물체에 $W = F \cdot S$만큼의 일을 했다고 말한다. 힘 F의 방향과 물체의 이동 방향이 서로 다를 때 일은 물체의 변위벡터를 r로 표시하면 $W = F \cdot S\cos\theta$로 주어진다. 힘 F를 물체의 이동 방향 및 그것과 수직 방향의 S성분으로 나누면 $W = F \cdot \cos\theta$는 이동 방향의 분력(分力)과 같으므로 물체에 대해 일을 하는 것은 물체에 작용하는 힘 중 물체의 이동 방향의 성분뿐이고 이동 방향으로 수직인 성분은 일을 하지 않는다.

질량 m인 물체가 중력에 의해 높이 h만큼 낙하할 때는 중력과 변위의 방향이 같으므로 중력은 물체에 mgh만큼의 일을 한다. 바위를 있는 힘껏 밀었지만 전혀 움직이지 않았다면 변위가 0이므로 사람이 물체에 한 일은 0이다. 그리고 무거운 물체를 머리에 이고 걸어갈 때, 힘은 위쪽으로 작용하고 변위는 수평으로 움직이므로 사람이 물체에 한 일은 역시 0이다.

▶ 힘과 변위 방향이 같은 경우

$W_L = F \cdot S$

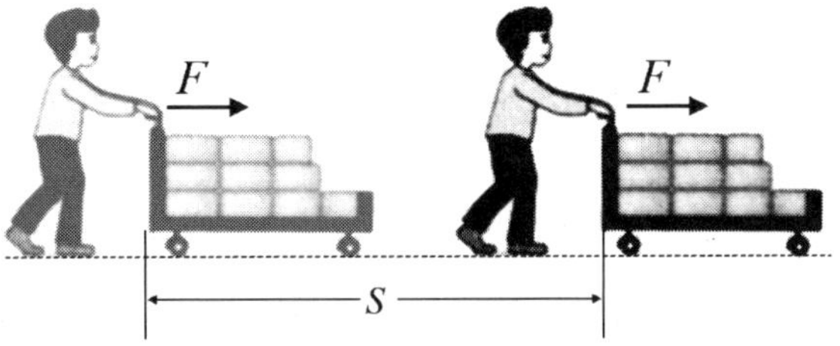

그림 2-1 일정한 힘

▶ 힘과 변위 방향이 다른 경우

$W = FS = (Fcos\theta) \times S = FScos\theta$

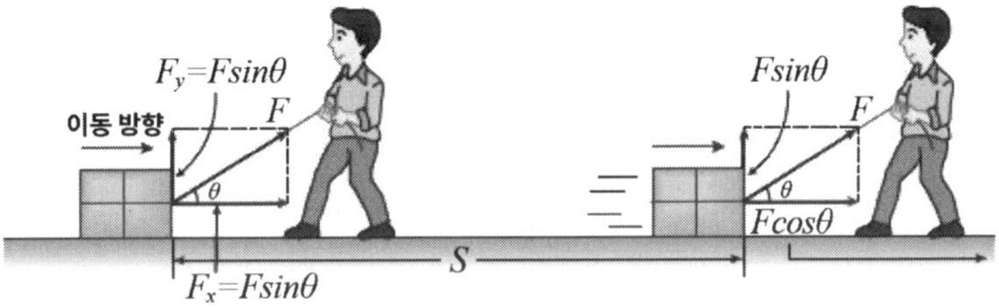

그림 2-2 힘과 일

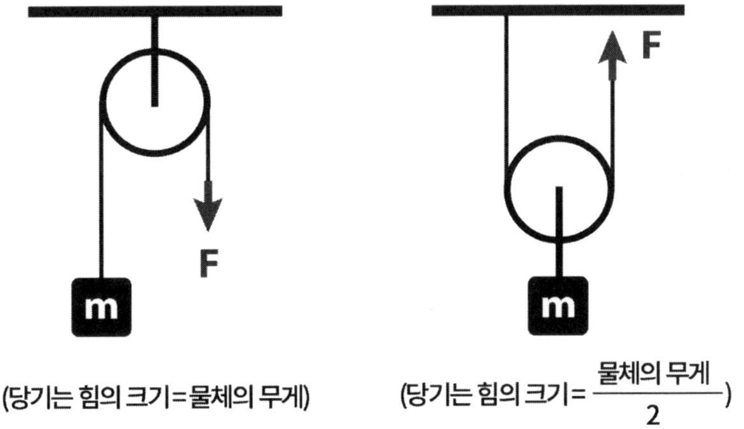

그림 2-3 일의 원리

2. 에너지(Energy)

물체나 물체계가 얼마만큼의 일을 할 수 있느냐는 잠재능력 등을 에너지라 하며, 역학적 · 열 · 전기 · 핵에너지 등 여러 가지의 형태가 있는데, 그것들은 서로 이행한다. 그중 실제로 일로 변할 수 있는 에너지를 유효 에너지, 마찰 등 때문에 쓸모없는 열에너지로서 잃는 것을 무효 에너지라 한다.

물체 A가 물체 B에게 일을 하면 그 일의 양만큼 B는 에너지를 얻고 A는 에너지를 잃는다. 예를 들어 마찰이 없는 평면에서 정지한 물체를 일정한 힘 F로 밀고, 미는 동안 거리 S만큼 움직였다면 물체는 $F \cdot S$만큼의 일을 받음으로써 물체는 $F \cdot S$만큼의 운동에너지를 얻어서 힘이 없어진 후부터 일정한 속력으로 움직인다. 고무줄이나 용수철을 당기면 당기는 동안 사람이 한 일은 용수철의 탄성에너지로 저장되며, 용수철이 다시 줄어들면서 물체에게 일을 하면 탄성에너지는 다시 물체의 운동에너지로 바뀌는 것처럼 일과 에너지는 서로 교환할 수 있는 등가(等價)인 물리량이다.

☞ **에너지의 종류**

① 운동 에너지 : 움직이는 물체가 가지는 에너지　ex. 구르는 공

② 위치 에너지 : 높은 곳에 있는 물체가 가지는 에너지　ex. 댐에 고인 물

③ 화학 에너지 : 화합물이 가지는 에너지　ex. 석탄, 석유, 음식물

④ 전기 에너지 : 전류가 가지는 에너지

⑤ 열 에너지 : 고온의 물체에서 저온의 물체로 이동하는 에너지

⑥ 빛 에너지 : 빛이 가지는 에너지

⑦ 핵 에너지 : 핵분열과 핵융합 시 발생하는 에너지로 원자력 발전 등에 이용

(1) 위치에너지(potential energy)

중력이나 정전기력과 같은 보존력이 작용하는 공간 내에 물체가 있을 때, 기준점으로부터의 물체의 위치에 따라서 정의되는 에너지로 물체가 현재의 위치로부터 기준점까지 이동하는 동안에 보존력이 물체에 하는 일의 양이다.

수력발전은 이러한 물의 위치에너지를 이용해서 발전기를 돌리는 일을 하고 이로부터 전기에너지를 얻는 방법이며, 자이로드롭, 스카이다이빙, 물레방아, 널뛰기 등도 있다.

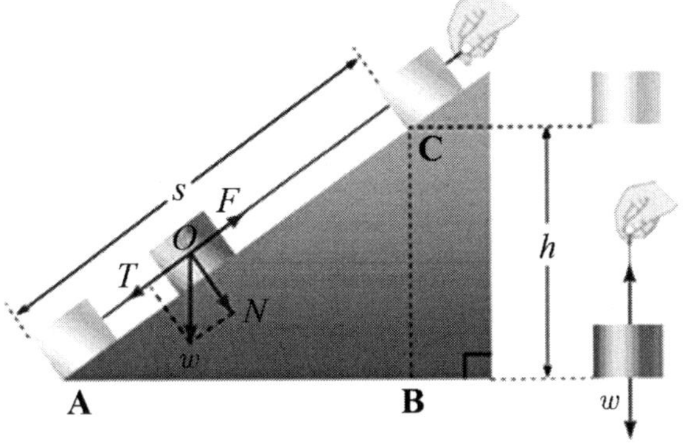

$$E_h = mgh$$

m : 질량(N)
g : 중력가속도(m/s^2)
w : 중량(kg)
h : 높이(m)
v : 속도(m/s)

(2) 운동에너지(kinetic energy)

움직이는 물체가 가지고 있는 에너지, 즉 속력이 있는 물체가 가지는 에너지로 속력과 질량이 클수록 에너지의 크기가 커진다. 물체에 한 일의 양만큼 물체의 운동에너지가 증가하고, 물체가 한 일의 양만큼 물체의 운동에너지가 감소한다.

볼링공의 운동에너지를 이용하여 핀을 쓰러트리거나 바람의 운동에너지를 이용하여 날개를 돌려 전기를 생산하는 것, 요트, 야구, 윈드서핑, 물레방아 등에 응용된다.

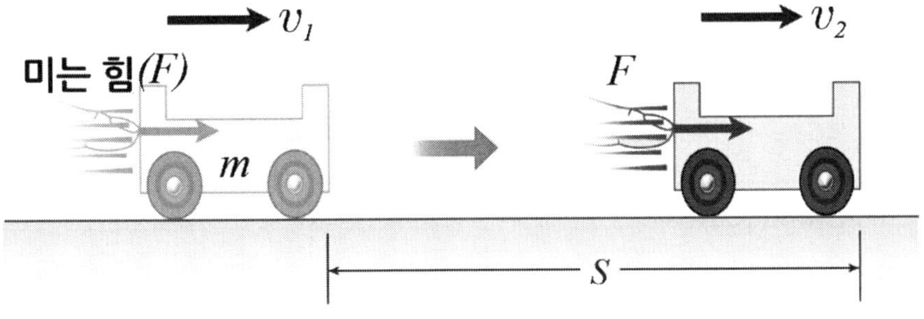

운동에너지 $= \frac{1}{2} \times$ 질량 $\times$ (속력)^2, $E_k = \frac{1}{2}mv^2$

◆ 일과 운동에너지와의 관계

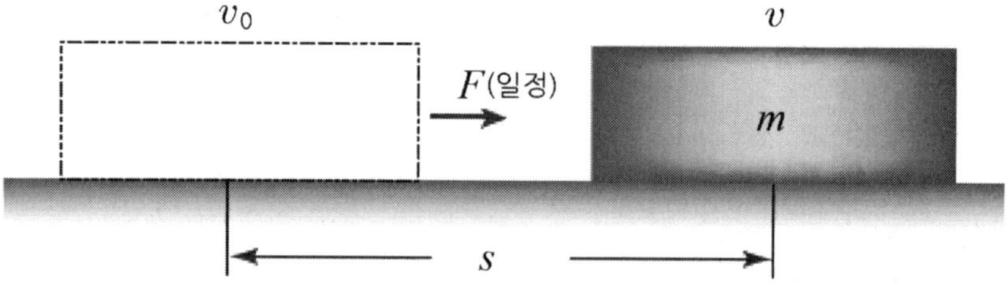

$$W = Fs = mas\left(\leftarrow 2as = v^2 - v_0^2\right) = ma \times \frac{v^2 - v_0^2}{2a}$$
$$= \frac{1}{2}mv^2 - \frac{1}{2}mv_0^2 = \Delta E_k$$

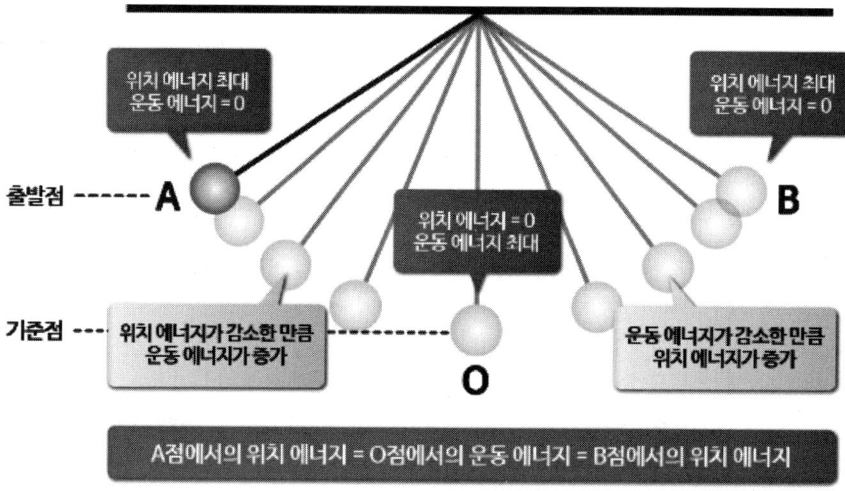

그림 2-4 위치에너지와 운동에너지

(3) 탄성에너지(Elastic energy)

물체가 탄성적으로 변화하면서 쌓는 위치에너지로 탄성체에 저장되었다가 탄성체가 처음의 상태로 되돌아갈 때 다른 물체에 해하여 용수철과 같이 변형된 물체가 가지고 있는 에너지를 탄성력에 의한 위치에너지 또는 **탄성에너지**라고 한다.

탄성력에 의한 위치에너지의 예로 양궁, 트램펄린, 완력기, 다이빙, 장대높이뛰기, 번지점프, 고무 동력기 등이 있다.

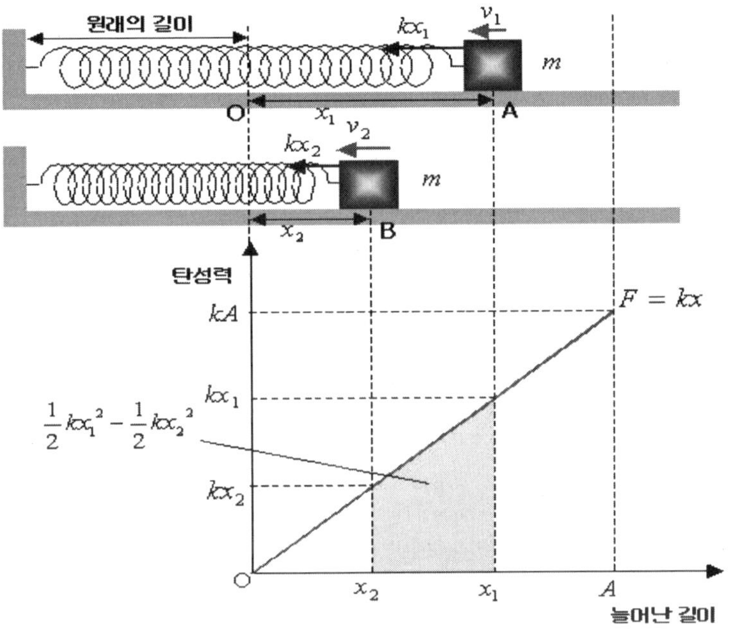

그림 2-5 탄성에너지

일의 단위는 Joule이나 N · m를 사용하며, 1J의 일은 1N의 힘으로 어떤 물체를 1m 이동시켰을 때에 해당한다.

3. 동력(動力)

단위 시간 동안 한 일의 양을 일률[作業率] 또는 **동력**(power)이라 하고, 움직이면서 힘을 낼 때의 성능을 표시하는 데 사용하며, P : 일률, W : 일, t : 시간, v : 속력이라 하면 다음과 같이 표현된다.

$$P = \frac{W}{t} = \frac{F \times S}{t} = F \times \frac{S}{t} = F \times v$$

한편, 일이 에너지의 전달 · 변환 과정을 뜻한다면 동력은 에너지의 전달률 · 발생률 · 소비율 등을 나타내고 있다. 일률의 단위는 W(와트)를 사용하며, 1W는 매초 1J의 일을 할 때의 일률이다. 전력도 일률의 일종이며, 공업적으로는 동력(kW 또는 PS)이라는 단위가 사용된다.

마력(Horse Power, Pferd Starke, 馬力)은 짐마차를 부리는 말이 단위 시간에 하는 일을 실측하여 얻은 값으로, 엔진 · 터빈 · 전동기 등에 의해 이루어지는 일의 비율이나, 구동(驅動)되고 있는 작업 기계에 의해 흡수되는 일의 비율을 나타내는 데 주로 사용된다.

마력에는 영국 마력(HP)과 미터 마력(프랑스 마력, 독일 마력, PS)이 있다. 1영국 마력은 매초 550ft · lb, 즉 매분 33,000ft · lb의 일에 해당한다. 1영국 마력의 전기당량(電氣當量)은 746W, 그 열당량(熱當量)은 매시 2,545BTU이다. 1미터 마력은 매초 75kg · m의 일, 즉 매분 4,500kg · m의 일을 말한다.

따라서 양자의 관계는 1PS = 0.9858HP 이며, 1미터 마력은 환산하면 대략 0.75kW가 된다. 한국에서는 1PS = 735.5W로 계산하고, 전기모터의 경우 영국식으로 하며, 1HP = 0.746kW, 1kW = 1.36 HP가 된다.

$$1\,W = 1J/s = 1N \cdot m/s = 1kg \cdot m^2/s^2$$

$$1k\,W = 102kg_f \cdot m/s = 0.24kcal/s = 860kcal/h = 1.36\,PS$$

$$1PS = 75kg_f \cdot m/s = 0.176kcal/s = 632.3kcal/h = 735.5\,W$$

예제 경사가 30°인 면을 따라 무게 500kg의 물체를 100m 끌어올렸다. 이때 면과의 마찰을 무시하면 위치에너지는 얼마인가?

풀이 $W = FS\sin\theta = 500 \times 100 \times 0.5 = 25{,}000\ kg \cdot m$

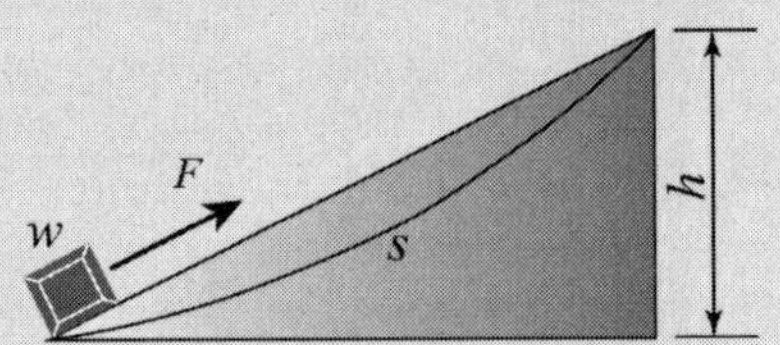

예제 정원이 12인승인 승강기에서 1인의 중량을 65kg으로 잡고, 운행속도를 100m/min로 할 경우 필요한 동력은 몇 마력인가?

풀이 $L_{ps}=\frac{FV}{75\,\eta}=\frac{12\times65\times100}{75\times60}=17.3\,ps$

예제 물체가 V m/s로 수직으로 낙하할 때, t초 동안 낙하거리 χm, 중력가속도 gm/s^{2}으로 하면 $\chi=Vt+\frac{1}{2}gt^2$인지를 차원 해석을 통하여 증명하시오

풀이 $L=LT^{-1}T+LT^{-2}T^2$
$=L+L$
$=L$
따라서 양변 모두가 길이의 차원이 되어 이 식이 맞는 것임을 알 수 있다.

1-7 열팽창(Thermal expansion, 熱膨脹)

거의 모든 물체가 온도의 상승과 더불어 부피가 증가하고 길이가 길어지는 것을 **열팽창**이라 하며, 선팽창과 부피팽창이 있다.

열팽창의 정도는 일반적으로 고체보다는 액체, 액체보다는 기체가 같은 온도 변화에 대한 팽창률이 크며, 열팽창의 정도를 수치로 표시할 때 선팽창계수와 체적팽창계수 같은 팽창계수(팽창률)를 사용한다. 열팽창률은 물질의 고유한 특성이며 물질마다 다른 값을 갖는다.

예를 들어 기차선로의 이음 부분, 철교의 교각 등은 각각 재료의 선팽창을 고려해서 설계하며, 증기가 통하는 파이프는 이를 고려해서 신축 이음을 사용한다. 또 철근콘크리트는 선팽창계수가 거의 같은 철과 콘크리트를 잘 조합시킨 예이다. 반대로 선팽창계수의 차이를 적극적으로 이용할 수 있는 대표적 예가 바이메탈이며, 온도계, 전기다리미, 화재경보기 등의 온도조절 장치로 사용한다.

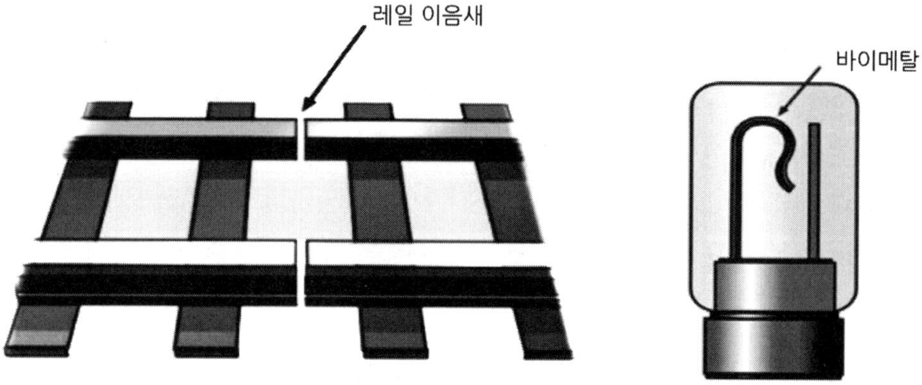

그림 2-6 열팽창의 예

① 물질의 종류에 따른 열팽창

- 고체의 경우 : 납 〉 알루미늄 〉 구리 〉 철 〉 유리
- 액체의 경우 : 에탄올 〉 식용유 〉 물
- 기체의 경우 : 기체도 열을 받으면 부피가 증가하지만 액체나 고체와 달리 기체의 종류와 관계없이 온도 변화에 따라 팽창하는 정도가 같다.

② 물질의 상태에 따른 열팽창 : 고체 〈 액체 〈 기체

☞ 열팽창에 의한 현상 및 이용

① 여름에는 전깃줄이 늘어지고, 겨울에는 팽팽해진다.
② 철로 만들어진 에펠탑의 높이는 여름철이 겨울철보다 높다.
③ 유리병 뚜껑에 뜨거운 물을 부으면 뚜껑이 열팽창하여 쉽게 열린다.
④ 충치 치료에 사용하는 충전재는 치아와 열팽창 정도가 비슷한 물질을 사용한다.
⑤ 다리, 철로의 이음새 부분에 틈을 만들어 여름에 열팽창하여 휘는 것을 막는다.
⑥ 포개진 그릇이 빠지지 않을 때에는 안쪽 그릇에는 차가운 물을 넣고(수축), 바깥쪽 그릇은 뜨거운 물에 담그면(팽창) 쉽게 빠진다.
⑦ 음료수의 열팽창으로 병이 터지는 것을 막기 위해 병에 음료수를 가득 채우지 않는다.
⑧ 낮에는 기름이 열팽창하여 부피가 증가하므로 밤이나 새벽에 주유하는 것이 이득이다.
⑨ 송유관은 중간에 구부러진 부분을 만들어 열팽창에 의한 사고를 예방한다.

(1) 선팽창 길이 계산

처음 길이가 ℓ_0인 고체 막대를 가열해서 온도가 Δt만큼 변했을 때 막대의 길이가 ℓ이 되었다. 이때 늘어난 길이 Δt는 처음 길이에 비례하고 상승한 온도에 비례한다.

선팽창계수 α는 단위 길이당 1℃ 상승할 때 늘어난 길이이다.

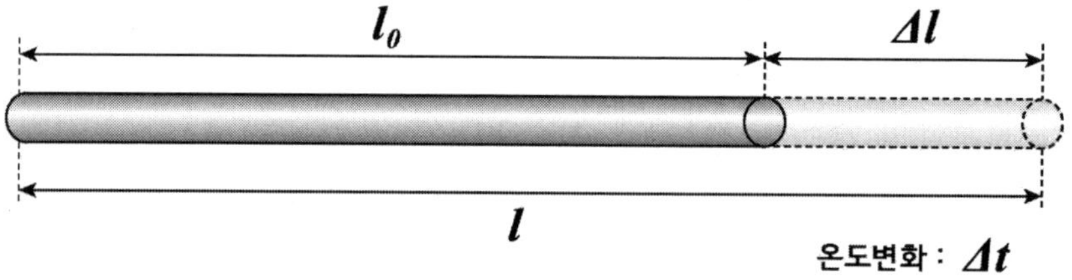

$$\ell = \ell_o + \Delta\ell = \ell_o + \alpha\ell_o\Delta t = \ell_o(1+\alpha\Delta t)$$

(2) 체적(부피)팽창량 계산

처음 부피가 V_0인 물체를 가열해서 온도가 Δt만큼 변했을 때 물체의 부피가 V로 되었다면 이때의 부피 ΔV는 다음과 같다.

부피팽창계수는 온도 1℃를 높이는 데 따라 생기는 물체의 팽창량과 그 물체의 0℃에서의 부피와의 비로 나타내며, 선팽창계수의 약 3배($\beta \fallingdotseq 3\alpha$)이다.

$V = V_0 + \Delta V = V_0 + \beta V_0 \Delta t = V_0(1+\beta\Delta t)$

순수한 물은 0℃에서 어는데 이때 약 9%의 체적이 팽창하며, 100℃에서 증기로 변할 때는 약 1,700배의 체적이 팽창된다.

예제 겨울철 -10℃일 때의 길이가 12m인 철도 레일은 40℃의 한여름 날씨를 고려하여 만들어야 강철의 선팽창 때문에 철로의 늘어난 길이를 보정할 수 있다. 안전을 위한 레일 사이의 최소 공간 길이를 구하시오. 레일의 재질인 강철의 선팽창계수 1.2×10^{-5} /℃이다.

풀이 $\Delta\ell = \alpha \cdot \ell_0 \cdot \Delta t = 1.2 \times 10^{-5} \times 12 \times (40+10) = 7.2mm$

예제 200ℓ 병에 채워진 10℃의 물을 90℃로 가열하면 물의 부피는 얼마가 되겠는가? 물의 체적팽창계수는 2×10^{-4}/℃이다.

풀이 $V = V_0(1+\beta\Delta T) = 200 \times 1 + 2 \times 10^{-4} \times (90-10) = 203.2\ell$

1-8 열평형과 열역학 제0법칙

1. 열평형(Thermal equilibrium, 熱平衡)

두 물체를 접촉했을 때 온도가 높은 물체에서 온도가 낮은 물체로 열이 이동하는데, 시간이 충분히 경과하여 두 물체의 온도가 같아지면, 더 이상 열의 이동이 일어나지 않고 일정한 온도가 유지되는 상태이다.

즉, 얻는 열량과 잃는 열량의 평형 상태가 유지되는 것으로, 열에 관련된 기계장치에서 열의 출입을 분석 및 측정하여 열손실이나 이용 상태를 명확하게 하여 열효율 향상을 위한 검토 자료로 사용한다.

열평형 온도는 고온과 저온의 중간값이 아니며, 각 물체의 질량에 따라 달라진다.

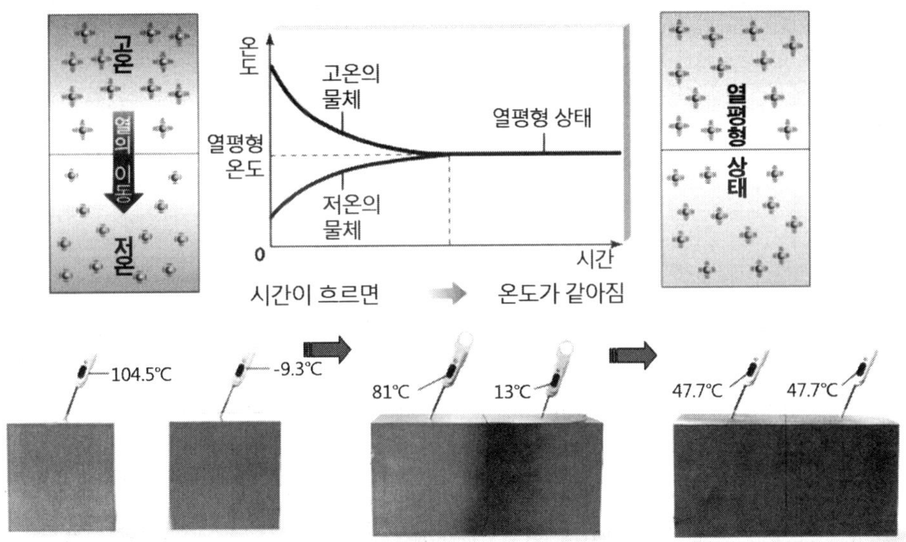

그림 2-7 열평형의 원리

☞ 열평형 상태의 이용 예(열의 이동)

① 한약 팩을 뜨거운 물에 넣어 데운다. (뜨거운 물 → 한약)

② 냉장고 속에 음식을 넣어 차게 보관한다. (음식 → 냉장고 속 공기)

③ 생선을 얼음 위에 놓아 신선하게 유지한다. (생선 → 얼음)

④ 겨드랑이에 체온계를 넣고 기다려 체온을 측정한다. (몸 → 체온계)

⑤ 여름에 수박을 시원한 물속에 담가 시원하게 만든다. (수박 → 시원한 물)

2. 열역학 제0법칙(Zeroth law of thermodynamics, 열평형의 법칙)

온도가 서로 다른 두 물체를 접촉시키면 높은 온도를 지닌 물체의 온도는 내려가고, 낮은 온도를 지닌 물체의 온도는 상승되어 두 물체 사이의 온도차는 없어진다. 이때 두 물체는 열평형 되었다고 하는데, 이것을 **열역학 제0법칙**이라 하며, 온도계의 원리를 나타낸 것이다. 다시 말하면, 물체 A와 B가 열적 평형 상태에 있고 A와 C가 열적 평형 상태에 있으면, B와 C도 열평형 상태에 있다는 법칙이다.

두 물체의 온도가 다를 때 그들 사이에 일어나는 에너지의 흐름을 열흐름(heat flow)라고 하는데, 어떤 물체의 온도를 측정하기 위하여 온도계를 그 물체와 열적 접촉 상태로 만들어야 하며, 온도의 측정은 열역학 제0법칙에 기반을 두고 있다.

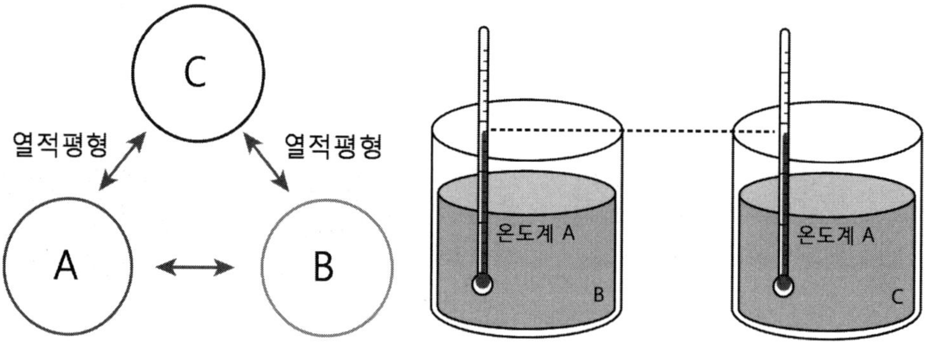

그림 2-8 열역학 제0법칙의 원리

제2장 열역학 제1법칙

2-1 열역학 제1법칙(熱力學第一法則)

1. 열역학 제1법칙(First law of thermodynamics ; 에너지 불변의 법칙)

열은 본질상 일과 같은 에너지의 일종이며, 일은 열로 전환할 수 있고 역으로 열은 일로 변환시킬 수 있는데, 이때 열과 일 사이의 비는 항상 일정하다. 이것이 열역학 제1법칙으로 에너지 보존의 법칙(law of energy conservation)을 열과 일 사이에 적용한 것이다.

에너지는 발생하거나 소멸하는 일 없이 열, 전기, 자기, 빛, 역학적 에너지 등 서로 형태만 바뀌고 총량은 일정하다는 법칙이 **에너지 보존의 법칙**이다. 다시 말하면 어떤 물체의 외부에서 일정량의 열을 가하면 물체는 이 열량의 일부분을 소비하여 외부에 대하여 일을 하고 남은 부분은 전부 내부에너지로 내부에 저장되며, 그 사이에 에너지가 소멸되었거나 발생되는 일은 같다. 즉, 계가 열(Q)을 흡수하면 내부에너지(U)는 증가하고, 방출하면 내부에너지는 감소하며, 계가 일(W)을 하면 내부에너지는 감소하고 계가 외부로부터 일을 받으면 내부에너지는 증가한다.

$$Q = AW = \frac{W}{J}$$

$$dU = dQ - AdW = dQ - \frac{dW}{J}$$

위 식에서 A는 **일의 열당량**(thermal equivalent of work)이라 하며, $A = \frac{1}{J} = \frac{1}{427} kcal/kg \cdot m$로 표시되고, J는 **열의 일당량**(mechanical equivalent of heat)으로 $J = 427 kg \cdot m/kcal$로 나타낸다.

또한, 에너지 보존의 법칙은 제1종 영구기관(perpetual mobile)이 불가능하다는 것을 입증한다. 외부로부터 에너지를 공급받지 않고 영구적으로 일을 하기 위해서는 스스로가

에너지를 창출시키는 능력이 필요하지만 에너지 보존의 법칙에 따르면 에너지는 생성되거나 소멸될 수 없으므로, 에너지의 공급을 받지 않고 일을 계속할 수 있는 기계인 제1종 영구기관은 존재할 수 없다.

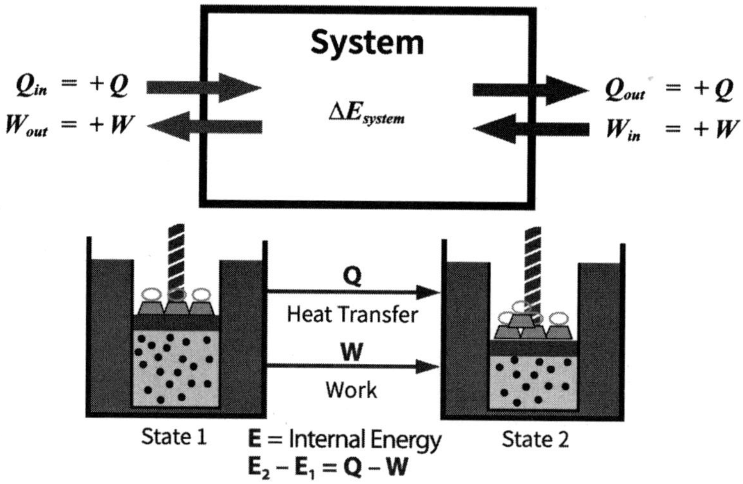

그림 2-9 열역학 제1법칙

2-2 내부에너지(Internal energy)

내부에너지란 물체가 지니고 있는 에너지 중에서 물체가 전체적으로 이동하거나 회전하기 위해서 갖는 운동에너지 이외의 물체 내부에 축적되는 에너지를 말한다. 어떤 계(system)에 열량(Q kcal)을 가하면, 그 일부는 계가 외부에 대하여 일(W kg · m)을 하고, 나머지는 내부에너지(U kcal)의 변화로 되어 그 내부에 축적되므로, 열역학 제1법칙은 다음 식으로 표시된다.

$$Q = U_2 - U_1 + AW = \Delta U + AW$$

$$\therefore \Delta U = Q - AW$$

여기서 U_1과 U_2는 상태 1, 2에서의 내부에너지이다.

또한, 내부에너지는 계의 온도, 엔트로피, 압력, 부피와 다음과 같은 관계를 가진다.

$$dU = TdS - p\,dV$$

특히 이상기체(理想氣體)에서의 내부에너지는 온도만의 함수이며, 입자들 간 상호작용이 없으므로 구성 입자들의 운동에너지의 합이 곧 내부에너지이다.

2-3 엔탈피(Enthalpy)

열역학 특정 함수의 일종으로 어떤 물질이 일정한 압력 하에서 생성되는 동안, 그 물질 속에 축적된 열량을 그 물질의 **열함량** 또는 **엔탈피**라고 한다. 즉, 단위 중량의 물질이 어떤 상태에서 가진 열량으로 물체에 압력을 일정하게 유지하고, 온도 t_1에서 t_2까지 변화시킬 때 외부에서 공급해야 하는 현열과 잠열의 합이다. 열량이나 에너지와 동일한 차원이므로 열량과 같은 단위를 쓰는데, 영점의 위치는 임의적이다.

어떤 온도에서 1atm일 때 원소의 엔탈피를 0으로 하고, 이들 원소에서 만들어진 화합물의 생성열 중 흡열인 경우를 양(陽)으로 표시하며, 이 값을 그 온도에서의 엔탈피라고 한다. 또 고온 · 고압 기체 등에서는 1atm의 끓는점 온도의 액체 상태를 영점으로 한다.

엔탈피의 변화는 정압변화일 때는 열변화이지만 정적변화(定積變化)일 때는 일이 0이므로 내부에너지 U의 변화가 열변화가 된다. 일정한 압력 P인 상태에서, 기체가 체적 V를 차지하기 위해서는 주위의 가스를 배제하여 PV의 일을 하게 된다. 이때 가스는 내부에너지 U와 외부에너지(역학적 에너지) APV의 합을 엔탈피라 하며, 엔탈피 i는 다음 식으로 표시된다. 압력이 일정한 상태에서 물질을 가열하거나 냉각할 때의 엔탈피의 변화량은 그 동안에 출입한 열량과 같으며, 교축팽창할 때에는 팽창 전후의 엔탈피 값은 변화하지 않는다.

즉, 어떠한 과정에서 압력의 변화가 0인 경우엔($\Delta P=0$), 엔탈피의 변화량은 계가 주변과 주고받은 에너지인 열량을 나타낸다. 따라서 주변의 압력이 일정하게 유지되는 반응의 전후의 열량의 출입을 나타내는 데에 많이 쓰인다.

$$dI = T\,dS + V\,dp$$

$$\Delta I = \Delta U + AP\Delta V + AV\Delta P = \Delta U + AP\Delta V$$

U : 내부에너지($kcal/kg$)

A : 일의 열당량($=1/427\ kcal/kg \cdot m,\ 1kcal=427kg \cdot m$)

V : 비체적(m^3)

P : 압력(kg/m^2)

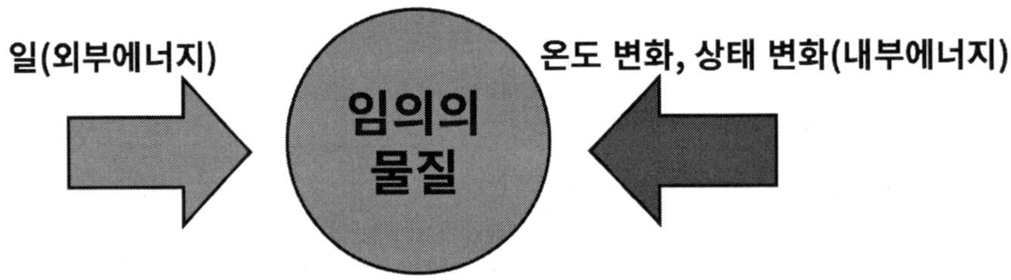

에너지 변화 ⇒ 엔탈피 변화

발열 반응과 흡열 반응에서의 엔탈피 변화

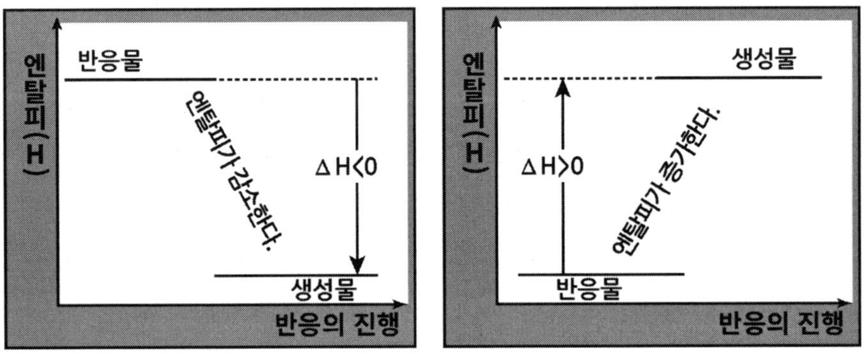

발열 반응 : ΔH<0 흡열 반응 : ΔH>0

그림 2-10 엔탈피

제3장 이상기체

3-1 이상기체(Ideal gas, 理想氣體)

이상기체 법칙을 따르는 기체로 구성 분자들이 모두 동일하며 분자의 부피가 0이고, 분자간 상호작용이 없는 가상적인 기체이다. 분자들 간에는 뉴턴의 운동법칙이 성립하고 분자의 운동은 무작위적이며, 분자와 분자 또는 분자와 용기 내부면의 충돌은 완전탄성 충돌을 하므로 역학적 에너지가 보존된다는 가정이 성립한다는 전제로 이상기체의 방정식은 다음과 같이 표현된다.

$$PV = nRT = \frac{G}{M}RT$$

즉, 압력을 P, 부피를 V, 몰수를 n, 절대온도를 T, 분자량을 M, 기체상수를 R$(=8.3135 J/mol\cdot K = 8.3145\, m^3\cdot Pa/mol\cdot K = 0.082 atm\cdot \ell/mol\cdot K = 1.987 cal/mol\cdot K$ $= 848 kg_f\cdot m/kmol\cdot K = 29.27 kg_f\cdot m/kg\cdot K)$, 질량을 G라 한다.

이것을 **이상기체의 상태식**(ideal gas equation, **理想氣體狀態方程式**)이라고 하며, 이상기체로 볼 수 있는 실제기체 또는 혼합기체의 특별 기체상수를 구하면, 일반적으로 그 기체 1kmol의 부피는 아보가드로(Avogadro)의 법칙에 의하여, 표준 상태(0℃, 1.0332 $kg/cm^2\cdot abs$)에서 22.41m^3을 차지하므로, 이 기체 1kmol의 기체상수는 위식에서 $n=1$로 놓고 정리하면,

$$MR = \frac{1.0332 \times 10^4 \times 22.41}{273} \fallingdotseq 848\, kg\cdot m/kmol\cdot K$$ 가 된다.

이 값은 이상기체에서는 종류와 관계없이 일정하며, $MR = R_o = 848 kg\cdot m/kg\cdot K$라 놓고, R_o을 **특별기체상수**라 한다. 따라서 여러 가지 기체의 기체상수 R은 다음 식으로 구할 수 있다.

$$R = \frac{848}{M}\, kg\cdot m/kg\cdot K$$

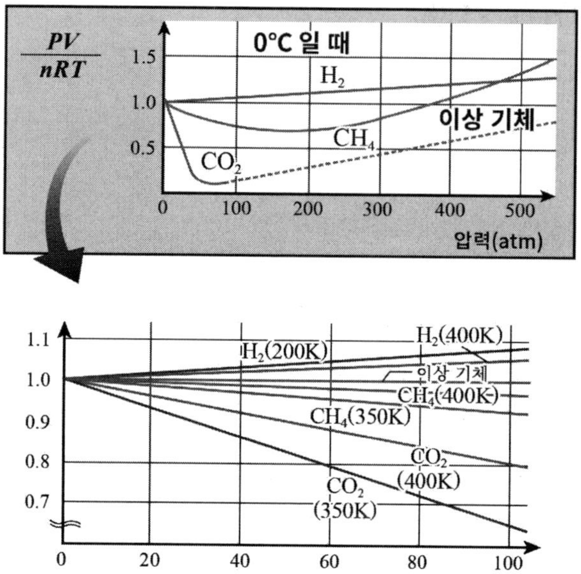

그림 2-11 이상기체의 변화

실제의 기체들은 충분히 낮은 압력과 높은 온도에서 이상기체와 거의 유사한 성질을 나타지만 정확한 연산을 위해 다음의 반데르발스(vander walls) 상태방정식을 이용하기도 한다. a는 분자 간의 힘, b는 입자의 부피를 나타내는 상수로 반데르발스의 상수라고 하며, 각 기체의 종류에 따라 다르다.

$$(P+\frac{an^2}{V^2})(V-nb)=nRT$$

3-2 이상기체의 상태방정식

기체의 운동에 관한 여러 가지를 설명하기 위하여 다음과 같은 가정을 한다.

① 기체 분자는 불규칙하고 무질서하게 운동을 한다.

② 충돌에 의한 에너지의 변화가 없는 완전탄성체(perfectly elastic collision)이다.

③ 기체 분자들은 그 기체가 차지하는 공간에 비해 크기가 아주 작다.

④ 기체 분자 사이에 인력(attractive force)이나 반발력(repulsive force)이 없다.

⑤ 기체 분자들의 평균 운동에너지는 절대 온도에 비례하며, 온도가 같다면 모든 기체의 평균 운동에너지는 서로 같다.

1. 보일의 법칙(Boyle's law)

온도가 일정하면 일정량의 기체의 부피는 그 압력에 반비례한다는 법칙으로 **마리오트(Mariotte)의 법칙**이라고도 하며, 온도가 일정할 때 부피와 압력의 곱이 $PV=\kappa$로 일정함을 의미한다.

따라서 기체의 온도를 일정하게 유지하면서 압력이 P_1이고, 부피가 V_1인 기체의 압력을 P_2로 변화시켰을 때, 부피가 V_2로 변화되었다면 $P_1V_1=P_2V_2$의 관계가 성립하는데, 이것을 보일의 법칙이라고 한다. 만약 기체의 온도가 일정하게 유지된다면 기체밀도는 기체압력에 비례하고 체적에 반비례하게 된다.

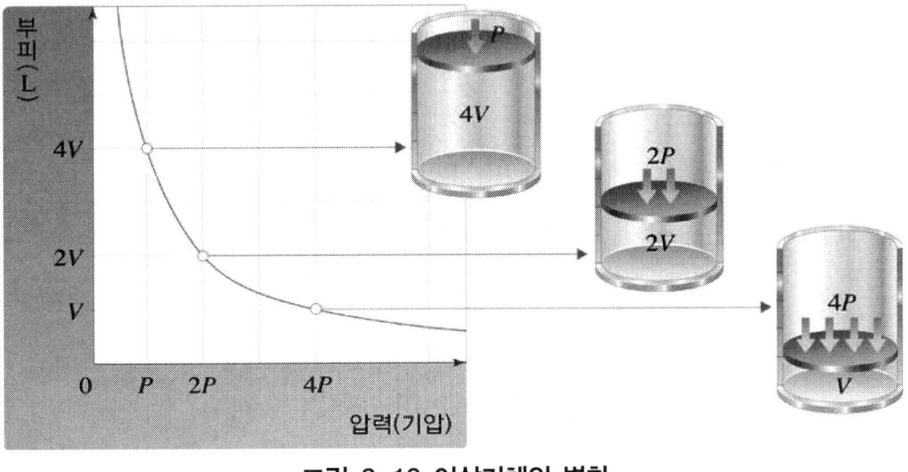

그림 2-12 이상기체의 변화

공기보다 가벼운 기체가 들어 있는 풍선을 놓치면 하늘로 계속 올라가며, 부피가 커지다가 결국에는 터지게 되는데, 이는 고도가 높아질수록 대기압이 낮아지기 때문이다.

2. 샤를의 법칙(Charles' law)

기체의 압력을 일정하게 유지하면서 온도를 1℃ 높이면, 그 기체의 부피는 종류와 관계없이 0℃일 때의 부피의 1/237만큼 증가한다는 법칙으로 **게이 뤼삭(Guy-Lussac)의 법칙**이라고 한다.

이 법칙은 압력이 일정한 상태에서 기체의 부피는 절대온도에 비례한다. 또는 부피가 일정할 때 절대온도가 올라가면 기체의 압력은 정비례하여 올라간다고 나타낼 수도 있다. 즉, 일정한 압력일 때 기체 분자의 운동은 온도가 높아짐에 따라 활발해져서 용기의 벽에 충돌하는 횟수가 증가하므로 부피가 커지게 된다.

온도 t℃에서 기체의 부피를 V라 하고, 0℃에서 부피를 V_o라고 하면, 다음의 관계식이 성립된다.

$$V = V_o\left(1+\frac{t}{273}\right) = V_o\left(\frac{273+t}{273}\right) = \frac{V_o T}{T_o}$$

$$\frac{V_o}{T_o} = \frac{V}{T}$$ ☜ 샤를의 법칙

$$\frac{P_1}{T_1} = \frac{V_2}{T_2}$$ ☜ 게이 뤼삭의 법칙

찌그러진 탁구공을 뜨거운 물에 넣으면 시간이 조금 흐른 뒤 팽팽하게 다시 펴지는 현상을 관찰할 수 있는데, 이는 샤를의 법칙에 따라 탁구공 안의 온도가 올라감과 동시에 내부 기체의 부피가 팽창하기 때문이다.

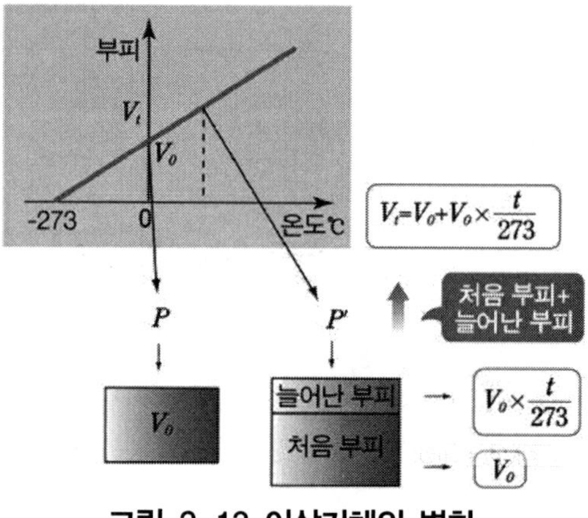

그림 2-13 이상기체의 변화

3. 보일-샤를의 법칙(Boyle-Charle's law)

일정량의 기체의 체적은 압력에 반비례하고, 절대온도에 정비례한다는 법칙으로 보일의 법칙과 샤를의 법칙을 조합하여 만든 것이며, 온도, 압력, 부피가 동시에 변화할 때 이들 사이의 관계를 다음 식과 같이 나타낸다.

$PV = RT$

$Pv = GRT$

단, G는 기체의 무게(kg), P는 기체의 압력(kg/m^2), V는 기체의 체적(m^3), $v = \frac{V}{G}(m^3/kg)$는 비체적이다.

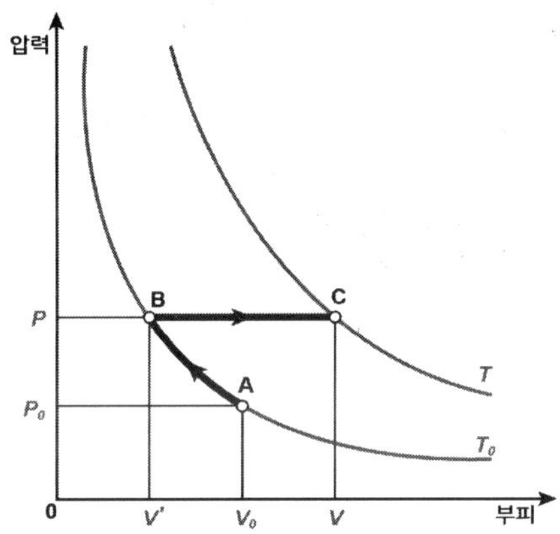

그림 2-14 이상기체의 변화

압력과 부피 및 온도가 동시에 변화하여 최종 상태(C점)에 도달할 때, 이를 온도를 일정하게 하였을 때의 과정(A~B)과 압력을 일정하게 할 경우의 과정(B~C)으로 나눌 수 있다. A~B점까지 보일의 법칙과 B~C점까지 샤를의 법칙을 합치면 일정량의 기체 상태가 A점에서 C점으로 변화할 때 성립하는 보일-샤를의 법칙을 다음 식과 같이 얻을 수 있다.

$P_o V_o = PV'$ ☜ Boyle's law

$\frac{V'}{T_o} = \frac{V}{T}$ ☜ Charle's law

$\frac{P_o V_o}{T_o} = \frac{PV}{T} = Constant$ ☜ Boyle-Charle's law

에어스프레이를 사용할 경우 용기가 차가워지는 현상을 보면, 버튼을 눌러 용기 내부의 기체를 분출할 경우 용기 내부의 압력이 감소하게 되지만 용기의 부피는 그대로이므로 보일-샤를의 법칙에 의해 내부온도가 감소하게 된다.

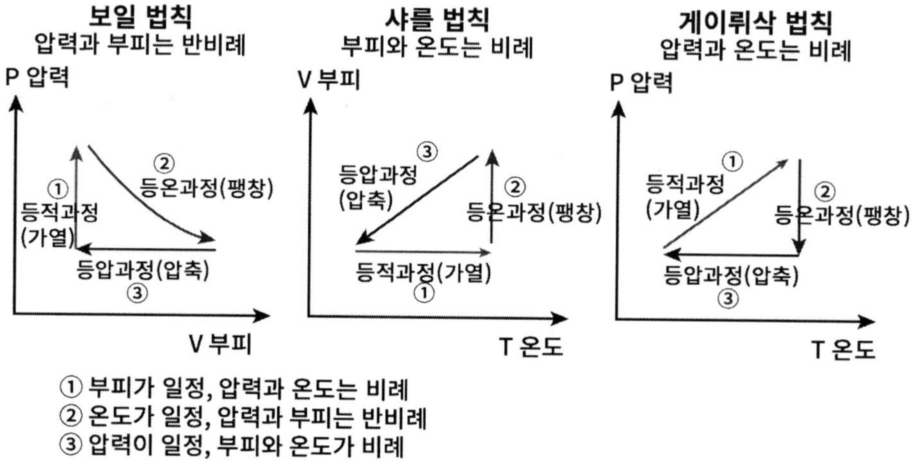

3-3 아보가드로의 법칙(Avogadro's law)

모든 기체 1mol의 체적은 같은 온도, 같은 압력에서는 모두 일정하다는 법칙으로 0℃, 1기압(표준 상태) 하에서 모든 기체의 체적은 22.4ℓ이다. 즉, 산소 1mol(32g)은 표준 상태에서는 22.4ℓ의 체적을 차지하며, 수소 1mol(2g)도 표준 상태에서 22.4ℓ의 체적을 차지한다.

어떤 물체 1mol이 가진 입자들의 수를 아보가드로수라고 부르며, 그 수는 6.022×10^{23}개/mol이다. 예를 들면 1mol의 물질 입자 속에 포함되는 입자의 수로 12g의 순수한 탄소 동위원소 C-12 중에 들어 있는 탄소 원자의 수와 같은 수로 정의한다.

$2H_2 + O_2 \rightarrow 2H_2O$

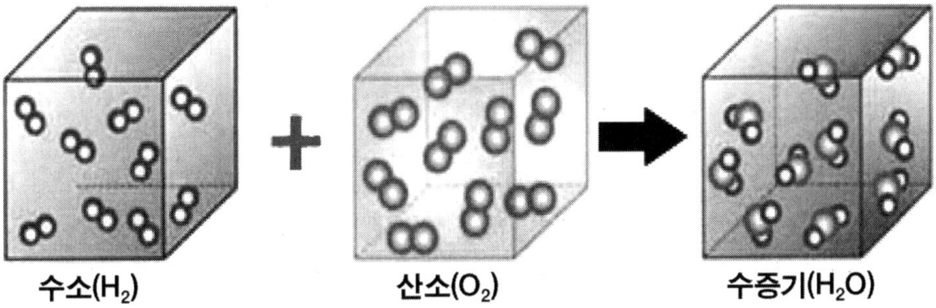

그림 2-16 아보가드로의 법칙

보일, 샤를, 게이 뤼삭 및 아보가드로의 법칙들을 종합하여 기체의 압력(P), 부피(V), 온도(T) 및 mol 수(n) 사이에 다음과 같은 식을 얻을 수 있다.

$$PV = nRT$$

여기서 R은 기체상수로 모든 기체에 대하여 같은 값을 가지며, 그 값을 1기압, 절대 온도 273K, 부피 22.4ℓ에 대하여 압력(N/m^2)과 부피(m^3)의 관계로 나타내면 다음과 같다.

$$R = \frac{1atm \times 22.4\ell}{1mol \times 273K} = 0.082\ atm \cdot \ell/mol \cdot K$$

$$R = \frac{PV}{T} = \frac{1.013 \times 10^5 (N/m^2) \times 22.4 \times 10^{-3} (m^3)}{273(K)}$$

$$= 8.31 (J/mol \cdot K)$$

3-4 이상기체의 비열과 내부에너지 및 엔탈피의 관계

이상기체를 가열이나 냉각할 때 기체의 부피가 변하지 않는 상태에서는 system을 출입하는 열량은 내부에너지의 증가나 감소를 가져오며, 이때의 비열은 정적비열(specific heat at constant volume) $C_v\ kcal/kg\cdot K$가 된다. 따라서 일정한 부피 상태에서 열량 Q를 공급하여 1kg의 기체 온도가 T_1에서 T_2로 증가하였다면 다음 식과 같다.

$$Q = C_v(T_2 - T_1) = U_2 - U_1$$

압력이 일정한 상태에서 기체에 열을 공급하면 열의 일부는 기체의 팽창에 의한 외부일에 소비되며, 내부에너지는 나머지 열에 의해서 증가하므로 온도가 상승하게 된다. 따라서 기체의 온도를 높이는데 필요한 열량은 부피가 일정한 때의 열량보다 커지는데, 이것을 $Q'\ kcal/kg$라 놓고 정리하면 다음과 같다.

$$Q' = C_p(T_2 - T_1) = U_2 - U_1 + AP(V_2 - V_1) = (U_2 + APV_2) - (U_1 + APV_1) = i_2 - i_1$$

이때의 비열을 정압비열(specific heat at constant pressure) $C_p\ kcal/kg\cdot K$로 나타내고, 위 식을 $PV = RT$를 사용하여 변형하면 다음 식이 된다.

$$Q' = C_p(T_2 - T_1) = C_v(T_2 - T_1) + AR(T_2 - T_1) = (C_v + AR)(T_2 - T_1)$$

$$\therefore\ C_p - C_v = AR$$

이상기체의 내부에너지 및 엔탈피는 온도에 의해서만 정해지는 상태량이 된다. 정압비열과 정적비열과의 비를 **비열비(specific heat ratio ; κ)**라 하면 다음과 같은 관계가 성립한다.

$$C_p = C_v + AR = \kappa C_v = \frac{AR}{\kappa - 1}$$

정압비열이 정적비열보다 기체상수 R만큼 더 크고, 비열비는 1보다 큰 값을 가지며, 기체의 종류에 따라 다르고, 단원자의 이상기체의 비열비는 $\kappa = \dfrac{C_p}{C_v} = \dfrac{5}{3} \fallingdotseq 1.67$이다.

액체와 고체의 경우에는 비열비가 거의 1에 가깝다. 왜냐하면, 액체나 고체는 온도 상승에 대한 체적 증가가 기체에 비해 상대적으로 미미하므로 정압비열과 정적비열의 차는 무시해도 좋을 정도로 거의 없다.

3-5 줄의 법칙(Joule's law)

저항체에 흐르는 전류의 크기와 이 저항체에서 단위 시간당 발생하는 열량과의 관계를 나타낸 법칙이다. 도체 내에 흐르는 정상 전류에 의해서 일정 시간 동안에 발생하는 줄열의 양은 전류의 세기의 제곱과 도체의 저항에 비례한다.

즉, 전류에 의해 생기는 열량 Q는 전류의 세기 I의 제곱과, 도체의 전기저항 R과 전류를 통한 시간 t에 비례한다는 법칙이다. 전류의 단위를 A(암페어), 전기저항의 단위를 Ω(옴)을 사용하면, 이 전류를 t초 동안 통했을 때 발생하는 열량은 칼로리 단위로 $Q = 0.24I^2Rt$ 라는 식이 얻어지며, 이때 발생하는 열을 줄열(熱)이라고 한다. 줄열의 단위는 J이나 cal 단위로 나타낼 수 있으며, 이 발열을 이용한 것으로 다리미, 토스트, 전열기, 백열전구 등이 있다.

저항이 큰 도선에 전류가 흐르면 열이 발생하는데, 그 이유는 도선 내 자유전자가 활발하게 운동하여 원자와 많은 충돌을 일으키게 되고, 충돌에 의해 원자가 가지고 있던 운동에너지가 열에너지로 전환이 되기 때문이다.

3-6 혼합기체(Gas mixture, 混合氣體)

여러 가지 기체가 섞여 있는 혼합물로 혼합기체가 나타내는 압력은 단일 기체처럼 기체의 몰수에 의존하며, 화학적 성질은 성분기체의 성질을 잃어버리지 않고 그대로 나타낸다.

기체 A, B, C를 각각 같은 부피의 용기에 넣었을 때의 압력이 각각 P_A 기압, P_B 기압, P_C 기압일 경우 이 기체 A, B, C를 같은 부피의 용기에 섞어 넣었을 때 혼합기체의 전체 압력은 각 기체의 부분 압력의 합과 같다. 즉, 혼합기체 중의 한 기체 성분이 나타내는 부분 압력은 그 성분기체들이 단독으로 있을 때의 압력과 같다.

$$P_{전체} = P_A + P_B + P_C$$

돌턴의 법칙(Dalton's law)은 혼합기체의 전체 압력은 각 성분기체의 분압을 합한 것과 같다는 법칙으로, 분압은 그릇 내에 그 성분기체만이 있었다고 할 때, 그 기체가 나타내는 압력이며, 이 법칙은 이상기체에 한해서 엄밀하게 성립된다.

$$P_1 = \frac{P \times n_1}{n_1 + n_2 + n_3}$$

$$P_2 = \frac{P \times n_2}{n_1 + n_2 + n_3}$$

$$P_3 = \frac{P \times n_3}{n_1 + n_2 + n_3}$$

$$P = P_1 + P_2 + P_3$$

예제 아르곤, 질소, 그리고 수소 세 가지 기체들이 5 ℓ 짜리 용기에 들어 있다. 이들 기체의 부분 압력은 각각 255 kg/cm^2, 228 torr, 그리고 752 mAq라면 용기내의 전체 압력(MPa)은?

풀이

$$P_{전체} = P_{Ar} + P_{N2} + P_{H2} = \frac{255}{9.8}MPa + \frac{228 \times 0.1013}{760}MPa + \frac{752 \times 0.1013}{10.33}MPa$$
$$= 33.425MPa$$

예제 다습한 대기 중 물의 부분 압력은 18 torr이다. 대기압이 766 mmHg인 경우 대기(78%는 질소, 21%는 산소로 수성됨)중 산소와 질소의 부분압력(torr)은?

풀이 건조한 대기압 = 대기압 - 물의 부분압 = 766torr - 18torr = 748torr

$P_{산소}$ = $P_{대기}$ × 0.21 = 748torr × 0.21 = 157torr

$P_{질소}$ = 748torr × 0.78 = 583torr

혼합가스(Mixture gas)의 조성으로 2종류 이상의 가스가 혼합된 상태에서 각 성분가스의 혼합 비율의 표시 방법에는 3가지 종류가 있다.

(1) $mol\% = \frac{어떤\ 성분의\ mol수}{가스\ 전체의\ mol수} \times 100$

(2) $용량\% = \frac{어떤\ 성분의\ 용량}{가스\ 전체의\ 용량} \times 100$

(3) $중량\% = \frac{어떤\ 성분의\ 중량}{가스\ 전체의\ 중량} \times 100$

예제 어떤 LPG의 혼합 비율이 mol%로 에탄(C_2H_6) 5%, 프로판(C_3H_8) 75%, 부탄(C_4H_{10}) 20%이다. 이것을 용량 %, 중량 %로 나타내시오.

풀이 이 혼합가스를 100%로 하면, mol%에서 에탄 5mol, 프로판 75mol, 부탄 20mol가 혼합하고 있는 것이 된다. 표준 상태에서 각 기체의 부피는 1mol이 22.4ℓ이므로 ethane 22.4ℓ×5=112ℓ, Propane 22.4ℓ×75=1.680ℓ, butane 22.4ℓ×20=448ℓ이다. 따라서 가스의 전 부피는 112ℓ+1,680ℓ+448ℓ=2,240ℓ이며,
가스의 용량 %는 다음과 같다.

$$\text{에탄(ethane)} = \frac{112}{2240} \times 100 = 5\%$$

$$\text{프로판(propane)} = \frac{1680}{2240} \times 100 = 75\%$$

$$\text{부탄(butane)} = \frac{1680}{2240} \times 100 = 20\%$$

각 가스 1mol의 중량은 에탄 C_2H_6=30g, 프로판 C_3H_8=44g, 부탄 C_4H_{10}=58g이므로 각 가스의 중량을 구하면 ethane 30g×5=150g, Propane 44g×75=3,300g, butane 58g×20=1,160g이므로 가스의 전중량은 150g+3,300g+1,160g=4,610g이며, 각 가스의 중량 %는 다음과 같다.

$$\text{에탄(ethane)} = \frac{150}{4,610} \times 100 = 3.2\%$$

$$\text{프로판(Propane)} = \frac{3,300}{4,610} \times 100 = 71.6\%$$

$$\text{부탄(butane)} = \frac{1,160}{4,610} \times 100 = 25.2\%$$

이상의 결과를 정리하면 용량 %와 mol %는 같아진다는 것을 알 수 있다.

3-7 기체의 상태 변화

이상기체가 가역적으로 상태 변화를 할 때 온도, 부피, 압력 중에서 어느 한 상태량이 일정하게 유지된다면 이상기체의 상태식에서 나머지 두 상태량의 변화 관계를 알 수 있다. 그러나 열의 출입이 완전히 막히거나 그것이 불완전한 경우에는 상태 변화에 대한 관계는 이상기체의 상태식만으로 알 수 없다.

정지된 이상기체에 열량 Q를 공급함으로써 기체가 상태 ①에서 ②로 가역변화를 하여 그동안에 외부에 대해서 W의 일을 한다고 할 때, 이 이상기체의 대표적인 상태 변화에 대한 관계식은 다음과 같다.

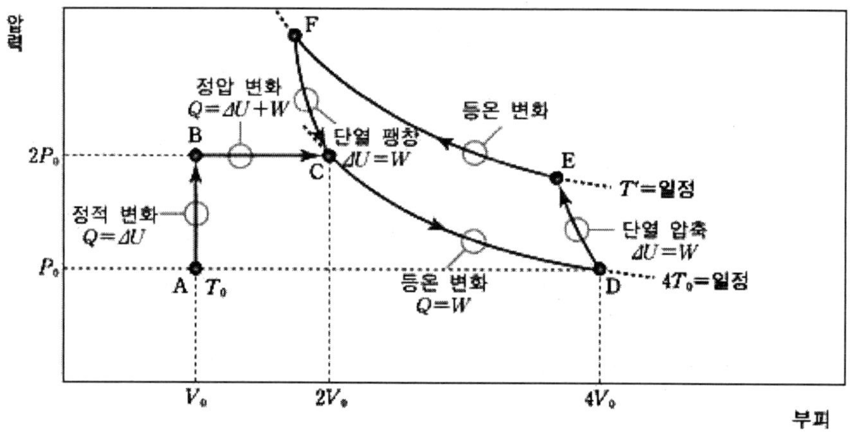

그림 2-17 이상기체의 상태 변화

1. 등온변화(Isothermal change)

일정한 온도를 유지하고 부피와 압력을 변화시키는 과정을 등온과정이라 하고, 이러한 변화를 등온변화(等溫變化)라고 한다. 온도가 일정하기 때문에 기체나 물질의 내부에너지는 변하지 않으므로 계에 흡수된 열은 계가 한 일과 같아야만 한다. 첫 번째는 압력을 일정하게 하고 부피를 변화시키면, 이상기체가 한 일은 부피가 증가함에 따라 양의 값을 갖고, 부피가 감소하면 음의 값을 갖는다. 두 번째는 부피를 일정하게 유지하고 압력을 변화시키면, 이상기체가 한 일은 0, 즉 아무런 일도 하지 않는다. 세 번째는 압력과 부피를 동시에 변화시킬 경우 부피가 증가하면 압력은 감소하여 이상기체가 한 일은 양의 값을 갖는다. 반대로 부피가 감소하면 압력은 증가하므로 이상기체가 한 일은 음의 값을 가지며, 압력과 부피는 반비례 관계가 있다.

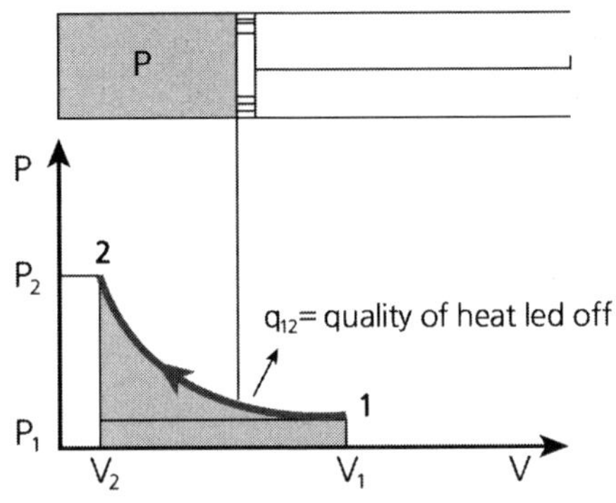

그림 2-18 등온변화

$$P_1V_1 = P_2V_2 = Constant$$

$$U_1 = U_2$$

$$i_2 = U_2 + AP_2V_2 = U_1 + AP_1V_1 = i_1$$

기체가 상태 ①에서 상태 ②까지 등온팽창할 때에 부피는 V_1에서 V_2로 변하므로 팽창에 의하여 외부에 하는 일에 상당하는 열량은 외부로부터 공급받아야 하며, 따라서 기체에 공급된 열량은 모두 외부로 변환될 수 있다.

또, 등온압축에서는 기체에 가해진 일을 전부 열로 변환하게 되므로, 등온압축을 하기 위해서는 외부로부터 가해진 일에 상당하는 열량만큼 기체로부터 열량을 제거해야 한다.

상태 변화에서 압력이 P일 때 열량 dQ의 공급으로 미소부피 dV만큼 팽창하였다고 하면 $dQ = APdV$, $dW = JdQ = PdV$의 관계가 성립하며, 이때의 일과 열량은 각각 다음 식으로 표시된다.

$$W_{12} = \int_1^2 PdV = \int_1^2 \frac{RT}{V}dV = RT\ln\frac{V_2}{V_1} = RT\ln\frac{P_1}{P_2}$$

$$Q_{12} = AW_{12}$$

V_2/V_1을 부피비 또는 팽창비라 하며, P_1/P_2를 압력비라고 하고, P-V 선도에서 빗금 친 부분은 등온팽창할 때의 일을 나타낸다. 이 일은 압력비의 영향을 받으므로 압력비가 같을 때에는 처음 온도가 높을수록 커진다. 따라서 압축일의 경우에는 될 수 있는 대로 처음 온도를 낮게 하는 것이 유리하다.

예제 공기 3kg을 압력 1MPa, 온도 300℃의 상태에서 압력 $1kg/cm^2$까지 등온팽창 시킬 때 외부에 공급한 열량을 구하시오.

풀이 $Q = AW = AGRT \times \ln\frac{p_1}{p_2} = \frac{1}{427} \times 3 \times 29.27 \times (273+300) \times \ln\frac{10}{1} = 272\ kcal$

2. 정압변화(Constant pressure change, 定壓變化)

일정한 압력 하에서 기체의 상태 변화를 나타내며, 외부에서 유입된 열이 내부에너지의 증가, 즉 계를 이루는 구성 분자의 평균 운동에너지를 증가시켜 계 내부의 온도를 높이는 일과 계가 외부에 하는 일 양쪽 모두에 사용되게 된다.

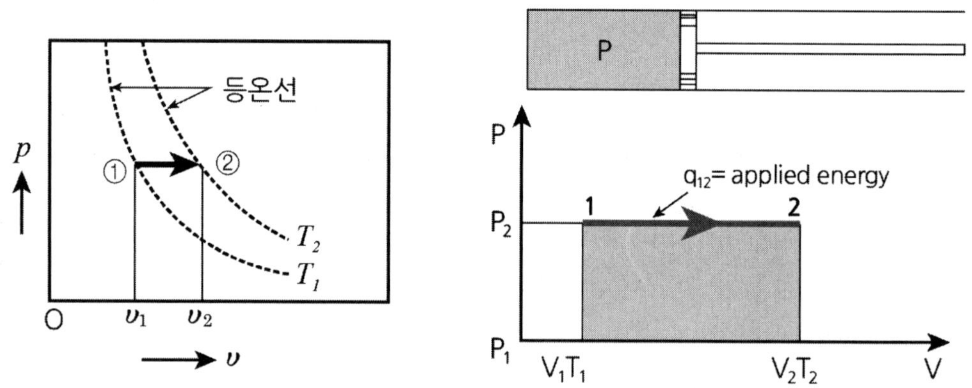

그림 2-19 정압변화

정압변화는 PV선도 상에 ①→②로 표시되며, 이상기체의 상태식 $PV=RT$에서 부피와 온도의 변화는 다음과 같이 표시된다.

$$\frac{V_2}{V_1} = \frac{T_2}{T_1}$$

이 식에서 ①, ② 두 상태에서의 부피비와 온도비는 서로 같으며, 상태 ①→② 사이의 등압팽창에서 하는 일은 다음 식과 같다.

$$W_{12} = P\int_1^2 dV = P(V_2 - V_1) = R(T_2 - T_1)$$

이동된 열량은 내부에너지의 변화량과 외부 일의 합이 되므로 다음 식이 성립되며, 이 식이 기초 에너지식이 된다.

$$Q_{12} = (U_2 - U_1) + A\int_1^2 P\,dV = (U_2 - U_1) + AP(V_2 - V_1) = i_2 - i_1$$

이때의 수열량은 엔탈피의 변화와 같으며, 그 대부분은 내부에너지의 증가로 나타나고, 나머지는 외부 일로 사용된다.

또, ②→①과 같이 압축 변화를 할 때는 기체는 외부로부터 일을 받게 되며, 외부에 대해서 방열을 하게 되므로 부호는 모두 반대가 된다.

냄비에서 열을 가해 물을 끓일 때와 압력밥솥에서 물을 끓일 때, 온도의 변화를 측정해 보면 일반 냄비에서 끓인 물의 온도가 압력밥솥에서 끓인 물보다 온도가 더 천천히 상승함을 관찰할 수 있다. 압력밥솥에서 물을 끓이면 기체가 밀폐되어 있어 부피가 증가하지 않지만, 냄비에서 물을 끓이면 팽창한 기체가 냄비 밖으로 빠져나가 일을 하는 데 사용되는 에너지가 더 많이 필요하기 때문이다.

3. 정적변화(Constant volume change, 定積變化)

일정 체적 하에서 기체의 상태 변화이며, 일정한 부피를 가진 용기 내의 기체를 가열할 때 기체가 가열됨에 따라 압력은 상승한다. 이와 같은 정적변화는 $P-V$ 선도 상에서 수직선 ①→②로 표시되며, 상태 변화 중에 일어나는 압력 및 온도와의 관계는 다음 식으로 나타낸다.

$$\frac{P_2}{P_1} = \frac{T_2}{T_1}$$

이 변화에서는 두 상태에서의 압력비와 온도비는 같고, 압력과 온도가 변하지만 부피 변화가 없으므로 공급된 열에너지는 일로 변환될 수 없으며, 따라서 이 열량은 기체 내부에 저장되어 내부에너지의 증가로 나타난다.

$$Q_{12} = U_2 - U_1 = \int_1^2 C_v\, dT = C_v(T_2 - T_1)$$

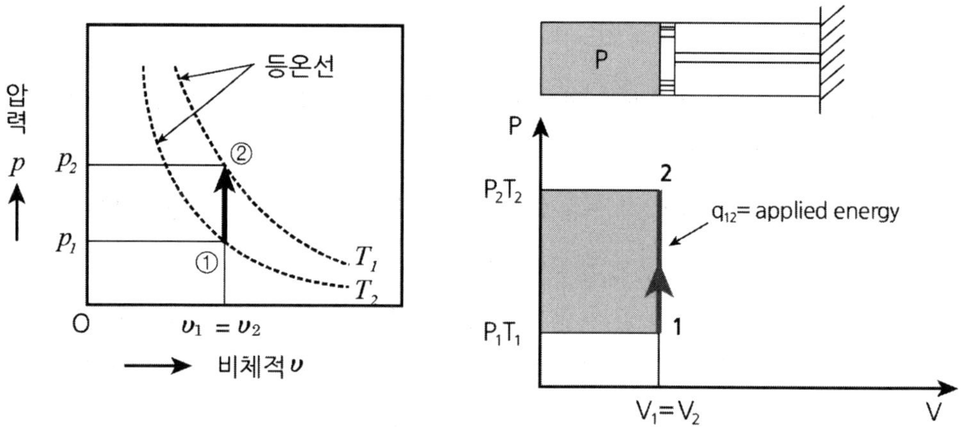

그림 2-20 정적변화

압력밥솥에서 밥이 빨리 되는 이유를 보면, 압력밥솥에 열을 가하면 밥솥 내부 기체의 온도가 상승하고, 기체의 온도가 상승하면 기체의 부피 또한 같이 늘어나게 되지만, 이 경우 밥솥이 밀폐되어 있으므로 부피가 증가하지 못하고 기체의 압력만이 증가하게 된다. 밥솥 내부의 압력이 증가하면 물의 끓는점이 높아지게 되고 따라서 물이 100℃ 이상에서 끓게 되어 밥이 빨리 익게 된다. 같은 시간에 더 많은 열이 음식물로 전달되어 더 빨리 요리가 될 수 있다.

그리고 다 쓴 부탄가스통과 같은 금속 캔은 폐기할 때 표면에 구멍을 뚫어서 버려야만 하는데, 만약 이렇게 처리하지 않고 버린 캔이 우연히 불에 들어갔을 경우 열은 금속 표면을 통해 통 속으로 유입되고, 캔의 부피는 일정하게 유지되므로 그 결과 캔 내부의 온도와 압력은 캔이 폭발할 때까지 계속해서 증가하게 된다.

4. 단열변화(Adiabatic change, 斷熱變化)

기체가 상태 변화를 하는 동안 외부와 열의 출입이 없을 때 나타나는 물체 내의 열역학적 변화를 단열변화라 하는데, 실제 기관의 실린더 내에서의 변화는 이에 가까운 변화를 한다고 볼 수 있다.

외부와 열교환이 없는 단열 상태에서 기체의 부피를 줄이면 기체 분자가 외벽에 충돌할 때 운동에너지를 더 얻어서 평균 속력이 더 커진다. 따라서 기체를 압축하면 기체 분자의 운동이 더 빨라지고 내부에너지가 증가하며, 반대로 기체가 팽창하면 내부에너지는 줄어든다.

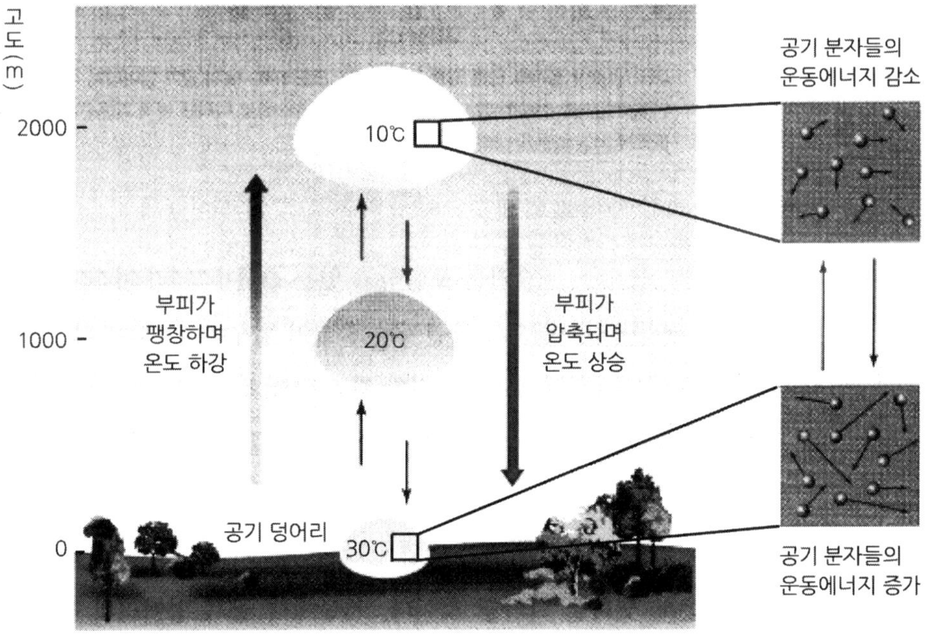

공기 덩어리의 단열 변화 | 상승 또는 하강하는 공기 덩어리는 건조 단열 변화에 따라 온도가 변한다.

그림 2-21 단열변화

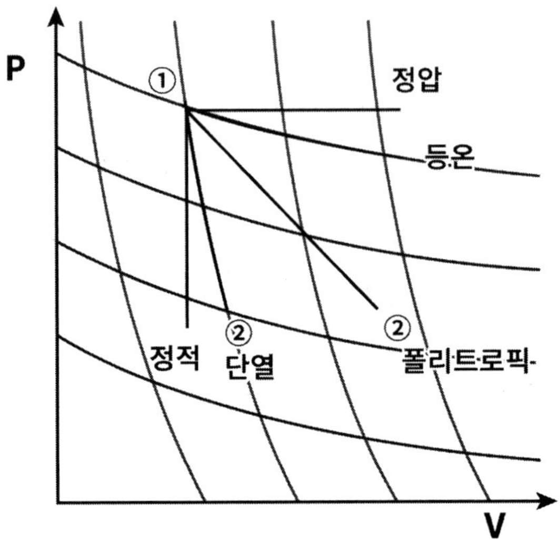

$P-V$선도에서 상태 ①→②로 변화할 때 압력과 부피와의 관계는 다음과 같다.

$$PV^{\kappa}=C$$

$$P_1V_1^{\kappa}=P_2V_2^{\kappa} \qquad \frac{P_2}{P_1}=\left(\frac{V_1}{V_2}\right)^{\kappa}$$

여기서 κ를 단열지수(adiabatic exponent)라 하는데, 이상기체의 경우는 비열비와 같다. 단열 과정에서 처음 상태와 나중 상태에 대하여 다음의 식이 성립하게 된다.

$$V=\frac{RT}{P}$$

$$P\left(\frac{RT}{P}\right)^{\kappa}=\frac{P}{P^{\kappa}}R^{\kappa}T^{\kappa}=\frac{1}{P^{\kappa-1}}T^{\kappa}R^{\kappa}$$

$$\frac{T_2}{T_1}=\left(\frac{P_2}{P_1}\right)^{\frac{\kappa-1}{\kappa}}=\left(\frac{V_1}{V_2}\right)^{\kappa-1}$$

단열변화에서는 공급 열량이 0이므로, 일(팽창 또는 압축)에 필요한 에너지는 내부에너지에 의존할 수밖에 없다. 즉,

$$AW = U_1 - U_2 = C_v(T_1 - T_2) = \frac{C_v}{R}(P_1V_1 - P_2V_2) = \frac{A}{\kappa-1}(P_1V_1 - P_2V_2)$$

가 되며, 내부에너지의 차에 의해서 발생한 일은 다음 식으로 표시된다.

$$W = \frac{1}{\kappa-1}(P_1V_1 - P_2V_2) = \frac{P_1V_1}{\kappa-1}\left(1 - \frac{P_2V_2}{P_1V_1}\right) = \frac{P_1V_1}{\kappa-1}\left\{1 - \left(\frac{V_1}{V_2}\right)^{\kappa-1}\right\}$$

엔트로피가 일정하고 유체가 팽창할 때 그 전후의 엔탈피의 차를 **단열 열낙차**(adiabatic thermal head)라 하고, 터빈에서 노즐의 입구와 출구의 압력과 온도를 알면 몰리에르 선도로부터 구할 수 있으며, 외부일과 엔탈피와의 관계는 다음 식과 같다.

$$h_0 - h_1 = C_p(T_0 - T_1) = \kappa C_v(T_0 - T_1) = \kappa AW$$

$$= \frac{\kappa}{\kappa-1}AP_0V_0\left\{1 - \left(\frac{P_1}{P_0}\right)^{\frac{\kappa-1}{\kappa}}\right\} = \frac{\kappa}{\kappa-1}AP_0V_0\left\{1 - \left(\frac{V_0}{V_1}\right)^{\kappa-1}\right\}$$

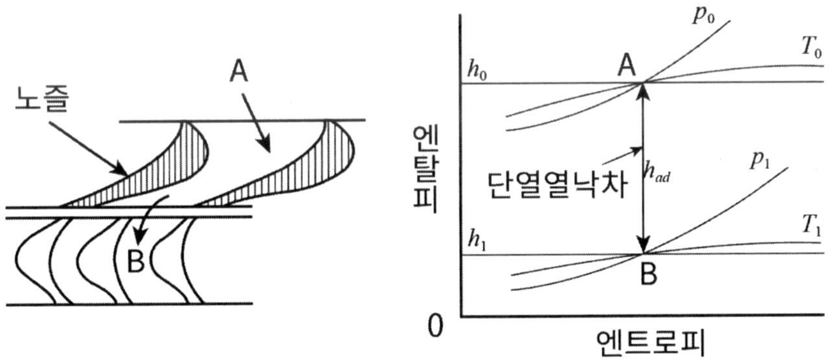

그림 2-22 열낙차

펌프로 공기를 급격하게 타이어 속에 넣을 때에는 열이 출입할 여유가 없을 정도로 갑자기 압축되므로 단열변화에 가까운 상태가 된다. 내부의 공기가 압축되면서 내부에너지가 증가하고, 내부의 공기온도가 올라감으로 타이어는 뜨거워진다. 또, 큰 주사기의 끝을 막고 갑자기 피스톤을 잡아당기면 주사기 속의 공기가 갑자기 팽창하므로 공기의 내부에너지는 감소하고 온도가 내려가 주사기 안쪽에 수증기가 생긴다.

예제 압력 0.1MPa, 온도 15℃인 공기의 부피가 $\frac{1}{15}$이 될 때까지 단열압축 할 때 압축 후의 온도(℃)는 얼마나 되는가?

풀이 $T_2 = T_1\left(\frac{V_1}{V_2}\right)^{\kappa-1} = 288\times\left(\frac{15}{1}\right)^{1.4-1} = 851K = 578℃$

5. 폴리트로픽변화(Polytropic change)

열기관의 작동 가스나 공기 압축기의 공기 등 실제로 취급하는 기체의 상태 변화는 엄밀하게 볼 때, 변화 과정에서 항상 약간의 열의 출입이 있으므로, 등온변화 및 단열변화는 일어나지 않는다. 따라서 이와 같은 모든 상태 변화를 근사적으로 나타낼 수 있는 관계식은 다음과 같이 표시한다.

$PV^n = Constant$

이 식으로 표시되는 상태 변화를 폴리트로픽변화라 하며, 폴리트로픽지수 n이 상수이며, 일반적으로 그림과 같이 상태 변화를 나타낸다.

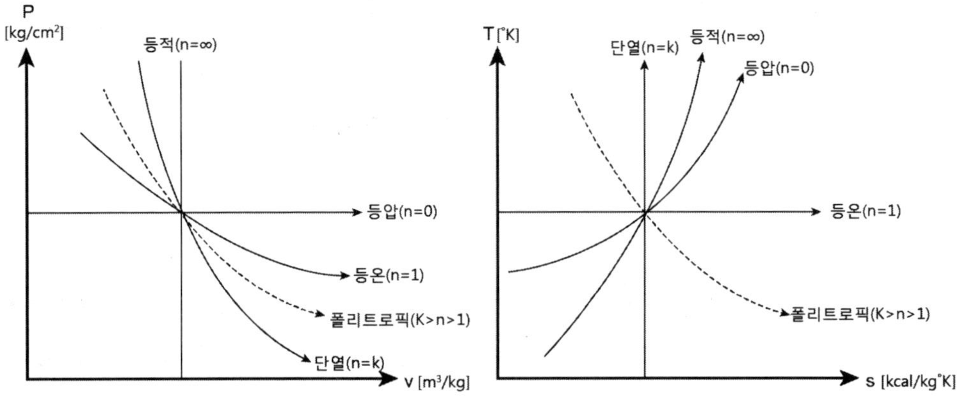

그림 2-23 이상기체의 상태변화 곡선

폴리트로픽변화에 대한 압력과 비체적 및 온도 사이의 관계식을 나타내면 다음과 같다. 이상기체의 특성식 $Pv = GRT$ 와 $Pv^n = C$ 의 관계에서, 폴리트로픽지수 n이 일정하면, 단열변화의 관계식과 동일한 식이 성립하므로, 단열지수 κ 대신 n을 대입하여 정리하면 다음 식들을 얻는다.

$$P_2 = P_1\left(\frac{v_1}{v_2}\right)^n = P_1\left(\frac{T_2}{T_1}\right)^{\frac{n}{n-1}}$$

$$v_2 = v_1\left(\frac{P_1}{P_2}\right)^{\frac{1}{n}} = v_1\left(\frac{T_1}{T_2}\right)^{\frac{1}{n-1}}$$

$$T_2 = T_1\left(\frac{P_2}{P_1}\right)^{\frac{n-1}{n}} = T_1\left(\frac{v_1}{v_2}\right)^{n-1}$$

$$\frac{T_2}{T_1} = \left(\frac{v_1}{v_2}\right)^{n-1} = \left(\frac{P_2}{P_1}\right)^{\frac{n-1}{n}}$$

폴리트로픽변화에서 팽창 과정과 압축 과정은 $P_1v_1^n = P_2v_2^n$의 관계가 얻어지므로, 상태 ①→②의 변화에서 외부에 한 일, 엔탈피와 내부에너지의 변화 및 이동 열량은 다음과 같이 된다.

$$W_{12} = \frac{P_1v_1}{n-1}\left\{1-\left(\frac{P_2}{P_1}\right)^{\frac{n-1}{n}}\right\}$$

$$U_2 - U_1 = C_v(T_2 - T_1) = \frac{n\,AT_1}{n-1}\left\{\left(\frac{P_2}{P_1}\right)^{\frac{n-1}{n}} - 1\right\}$$

$$h_2 - h_1 = C_p(T_2 - T_1) = \frac{n\,AT_1}{n-1}\left\{\left(\frac{P_2}{P_1}\right)^{\frac{n-1}{n}} - 1\right\}$$

$$Q = U_2 - U_1 + AW = C_v(T_2 - T_1) + \frac{n\,A}{n-1}(T_2 - T_1) = C_v\frac{n-\kappa}{n-1}(T_2 - T_1)$$

여기서 폴리트로픽비열 $C_v\dfrac{n-\kappa}{n-1} = C_n$으로 놓으면, 열량은 다음과 같이 간단한 일반식이 된다.

$$Q = C_n(T_2 - T_1)$$

예제 압력 0.1MPa의 공기가 $PV^n = C$ 에 따라 부피가 $\frac{1}{20}$ 로 압축되어 압력이 45MN/m^2 이 되었다면 이때의 n값을 구하시오.

풀이

$P_2 = P_1 (\frac{v_1}{v_2})^n \qquad 45 = \left(\frac{1}{\frac{1}{20}}\right)^n$

$\therefore n = \frac{\log 45}{\log 20} = \frac{1.6530}{1.3010} = 1.27$

표 2-3 완전가스의 상태 변화

과 정	정압과정 $P = C$	정적과정 $V = C$	등온과정 $T = C$	등엔트로피과정 $PV^\kappa = C$	폴리트로픽과정 $PV^n = C$
P, v, T 관계	$\frac{T_2}{T_1} = \frac{v_2}{v_1}$	$\frac{T_2}{T_1} = \frac{p_2}{p_1}$	$\frac{p_2}{p_1} = \frac{v_1}{v_2}$	$\frac{T_2}{T_1} = \left(\frac{v_1}{v_2}\right)^{\kappa-1} = \left(\frac{p_2}{p_1}\right)^{\frac{\kappa-1}{\kappa}}$	$\frac{T_2}{T_1} = \left(\frac{v_1}{v_2}\right)^{n-1} = \left(\frac{p_2}{p_1}\right)^{\frac{n-1}{n}}$
폴리트로픽지수 (n)	0	∞	1	R	$-\infty < n < \infty$
비 열(C_n)	C_p	C_v	∞	0	$C_v\left(\frac{\kappa - n}{1 - n}\right)$
내부에너지 변화량 ΔU	$C_v(T_2 - T_1)$	$C_v(T_2 - T_1)$	$C_v(T_2 - T_1)$	$C_v(T_2 - T_1)$	$C_v(T_2 - T_1)$
엔탈피 변화량 Δh	$C_p(T_2 - T_1)$	$C_p(T_2 - T_1)$	$C_p(T_2 - T_1)$	$C_p(T_2 - T_1)$	$C_p(T_2 - T_1)$
엔트로피 변화량 ΔS	$C_p \ln \frac{T_2}{T_1}$	$C_p \ln \frac{T_2}{T_1}$	$AR \ln \frac{p_1}{p_2}$	0	$C_p \ln \frac{T_2}{T_1}$
절대일 $W = p\, dv$	$p(v_2 - v_1)$	0	$p_1 v_1 \ln \frac{v_2}{v_1}$	$\frac{p_1 v_1 - p_2 v_2}{\kappa - 1}$	$\frac{p_1 v_1 - p_2 v_2}{n - 1}$
공업일 $W_t = -v\, dp$	0	$v(p_1 - p_2)$	$p_1 v_1 \ln \frac{p_1}{p_2}$	$\frac{\kappa(p_1 v_1 - p_2 v_2)}{\kappa - 1}$	$\frac{n(p_1 v_1 - p_2 v_2)}{n - 1}$
가열량 $Q = C_n \Delta T$	Δh	ΔU	$ART \ln \frac{v_2}{v_1}$	0	$C_n(T_2 - T_1)$

3-8 공기의 성질

공기는 일반 기체의 공통적인 성질을 가지고 있으며, 온도 · 압력 · 밀도는 대체로 보일-샤를의 법칙에 따른다. 공기를 단열적으로 압축하면 온도가 올라가고, 팽창시키면 온도가 내려가는 것도 일반 기체와 같은데, 이 때문에 상승하는 공기는 차가워지고, 하강하는 공기는 따뜻해져서 기상 현상의 가장 중요한 요인이 된다. 점성은 매우 작으나, 운동하는 물체의 속도가 커지면 소용돌이가 생겨 여기에 에너지를 빼앗기기 때문에 소용돌이 점성이 되어 큰 저항을 받는다.

대기는 건 공기와 수증기와의 혼합기체이나 실제로 취급하는 대기는 수증기의 분압이 낮기 때문에 돌턴의 법칙을 적용할 수 있는데, 이 대기를 습공기(moist air, wet air, humid air, damp air, 濕空氣)라 하고, 습공기의 전압력(全壓力) P는 건공기의 분압 P_a와 수증기의 분압 P_s와의 합이 된다.

$$P = P_a + P_s$$

1. 습윤공기(Humid air, moist air, 濕潤空氣)

건조 공기와 임의의 양의 수증기와 혼합물을 의미하며, 공존하는 수증기의 압력이 그 온도에서의 포화증기압과 같을 경우를 포화공기(saturated air)라고 한다. 즉, 수증기는 공기 중에 무한히 있는 것이 아니라, 일반적으로 대기의 전 압력과 수증기의 분압에 따라 그 혼입량이 일정하며, 또 전압력과 온도에 따라서 그의 최대량은 일정한 제한을 받을 경우 최대량의 수증기를 포함할 때의 공기를 의미한다.

2. 상대습도(Relative humidity, 相對濕度)

상대습도는 어떠한 온도에 대해서 실제로 지니고 있는 수증기량과 그 온도에서의 포화수증기량의 비를 백분율로 나타낸 값이다. 즉, 대기압을 P, 공기 속의 수증기 압력을 P_w, 그 온도에서의 포화 증기압을 P_s로 하면 상대습도는 다음과 같다.

$$RH = \frac{\text{수증기압력}}{\text{포화수증기압력}} \times 100 = \frac{P_w}{P_s} \times 100$$

$$\varphi = \frac{\gamma_w}{\gamma_s} \times 100 = \frac{P_w}{P_s} \times 100 = \frac{\chi P}{(0.622 + \chi) P_s} \times 100\ \%$$

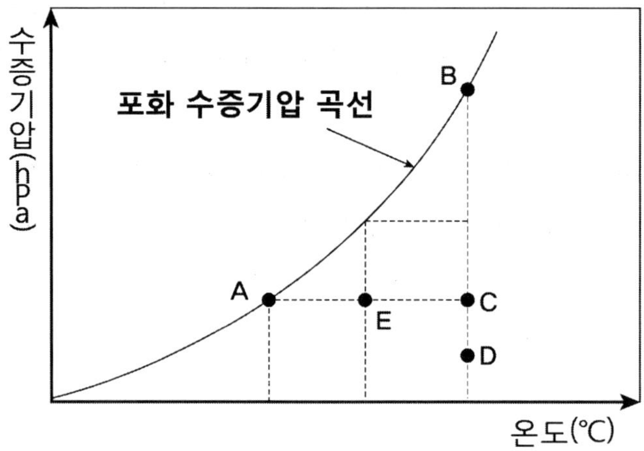

그림 2-24 포화수증기압력 곡선

습도는 A, C가 100%로 가장 높고, D가 가장 낮으며, 이슬점은 B가 가장 높고, D가 가장 낮다. 위의 그림에서 C점의 이슬점 온도는 TE이다.

포화수증기량은 온도에 따라서 변하기 때문에 공기가 포함한 수증기량이 일정하여도 상대습도는 온도에 따라 다른 값을 가진다. 예를 들어 20℃인 공기의 포화수증기압이 약 23hPa이고 15℃인 공기의 포화수증기압은 약 17hPa이라고 해 보자. 20℃인 공기의 실제 수증기압이 17hPa이면 상대습도는 약 74%인데, 이 상태에서 기온이 15℃까지 하강한다면 공기의 수분 수용력은 감소하고 수증기압은 포화 상태에 이르러 상대 습도가 100%가 되며, 구름이나 안개, 이슬, 서리 등이 발생한다.

기온이 20℃일 때 $1m^3$에 들어갈 수 있는 최대 수증기량은 대략 17g 정도이며, 공기 $1m^3$당 수증기가 10g 정도 있다면 상대습도는 약 58%가 된다. 또한, 습도는 일반적으로 고도와 함께 급격히 감소하여 지면 부근에서 상대습도가 80% 정도일 때, 1,000m 상공에서는 70% 전후가 되고, 3,000m에서는 60% 전후가 된다.

3. 절대습도(Absolute humidity, 絕對濕度)

습윤 공기의 단위 부피 속에 포함된 수증기의 질량을 절대습도라 하고, 온도나 압력에 의존하지 않고 일정하며, 이론적인 계산을 할 때는 상대습도보다 포화도 쪽이 좋다.

절대습도는 대기 중에 포함된 수증기의 양을 표시하는 방법으로 공기 $1m^3$ 중에 포함된 수증기의 중량을 g으로 나타내며, 수증기 밀도 또는 수증기 농도라고도 하는데, 공기 중의 수증기의 포화 정도를 나타내는 상대습도와는 의미가 다르다. 그렇기 때문에 상대습도가 같은 50%일 경우, 기온 30℃일 때는 절대습도가 $15.2g/cm^3$이지만, 기온이 0℃일 때의 절대습도는 $2.4g/cm^3$이 된다. 따라서 상대습도와 절대습도는 일치하지 않으며, 절대습도와 항상 일치하는 것으로 이슬점이 있다.

절대습도는 기온에 따라 수증기가 공기에 포함될 수 있는 최댓값이 정해져 있으며, 그 값은 기온이 높으면 커지고 낮으면 작아진다. 일반적으로 기온이 높은 여름철에는 절대습도가 높고, 기온이 낮은 겨울철에는 낮으며, 다음과 같이 산출한다.

$$\chi = \frac{\gamma_s}{\gamma_a} = \frac{P_s/R_sT}{P_a/R_aT} = 0.622\frac{P_s}{P-P_s}\ kg/kg$$

γ_s : 수증기의 비중량(kg/m^3)

γ_a : 공기의 비중량(kg/m^3)

P : 대기압(MPa)

P_s : 수증기의 분압(MPa)

P_a : 공기의 분압(MPa)

R_s : 수증기의 가스정수$(=47.06kg\cdot m/kg\cdot K)$

R_a : 공기의 가스정수$(=29.27kg\cdot m/kg\cdot K)$

T : 습공기의 절대온도(K)

0.622 : 수증기의 비중$\left(=\frac{\text{수증기의 분자량}}{\text{건조한 기체의 분자량}}=\frac{18.016}{28.966}\right)$

건공기 1kg에 대한 수증기의 무게 비율은 일정하므로, 절대습도는 공기 조화에서 가습이나 감습을 고려할 때에 이용된다.

4. 이슬점(Dew point)

일정한 압력 하에서 온도를 내려서 공기가 포화되는 순간의 온도로 **노점(露店)**이라고도 한다. 공기를 서서히 냉각시켜 어떤 온도에 이르면 공기 중의 수증기가 응결하여 이슬이 생기며, 이때의 온도를 이슬점이라고 한다. 다시 말하면, 공기 속에서 물체를 서서히 냉각시키면 그 둘레의 공기 온도도 내려가서, 어떤 온도에 달하면 공기 속의 수증기가 응결하여 물체의 표면에 이슬이 생길 때의 온도를 의미한다. 또, 이슬점은 수증기를 함유한 대기의 기압과 수증기량은 바꾸지 않고 기온만을 강하시켜 포화에 달하게 하였을 때의 온도이기도 하다.

수증기량이 많아도 온도가 아주 높으면 새로운 수증기가 들어갈 자리가 많아 빨래나 코 점막이 잘 마르고, 수증기량이 적어도 기온이 매우 낮으면 수증기가 들어갈 공간이 거의 없어 마르지 않는다. 이슬점은 수증기의 양에 의해 결정되므로 공기 속에 있는 수증기의 양을 나타내는 기준이 되며, 처음의 기온이 같더라도 상대습도가 다르면 이슬점은 달라진다. 이른 아침에 비가 오지 않았는데도 지면(地面)에 있는 돌 따위의 표면이 젖어 있는 것은 야간복사에 의해서 돌의 온도가 이슬점 이하로 떨어져서 수증기가 돌의 표면에 응결하기 때문이다. 그리고 추운 겨울날 유리창 표면에 김이 서리게 되는데, 이는 습기를 많이 포함한 방 안의 더운 공기가 차가운 유리창과 만나 온도가 떨어지면서 포화 수증기량이 낮아져 수증기가 응결되어 일어나는 현상이다.

한편, 고도가 높아질수록 기압이 낮아지므로 공기의 부피가 커지므로 수증기압이 감소하여 이슬점이 낮아지는데 그 비율이 100m당 약 0.2℃ 감소한다.

이슬점은 건습구(乾濕球)온도계를 사용해서 구할 수 있으나, 직접 이슬점습도계에 의해서 측정하는 경우도 있다. 이슬점온도계는 대기의 이슬점온도를 재는 계측기로써 금속의 표면을 서서히 냉각시켜 이슬이나 서리가 생길 때의 온도를 측정할 수 있도록 한 온도계이다.

상대습도를 응용한 지수로 건조한 정도를 나타낼 때는 실효습도(effective humidity, 實效濕度)를 사용하며, 이것은 화재 예방의 목적으로 수일 전부터의 상대습도에 경과 시간에 따른 가중치를 주어서 산출한 목재 등의 건조도를 나타내는 지수를 나타내므로 최근의 건조 상태를 종합적으로 반영한다. 실효습도가 50% 이하이고, 당일의 최저습도가 30% 이하이며, 최대 풍속이 7m/s 이상인 상태가 2일 이상 계속될 것으로 예상될 때에 건조주의보가 발표되며, 실효습도가 50% 이하가 되면 큰 화재로 번질 위험성이 높아진다.

실내의 쾌적함을 유지하려면 온도 외에도 습도를 고려해야 하는데, 이상적인 침실의 온도는 여름이 25℃, 겨울은 15℃, 습도는 연간을 통해 50% 정도라 하며, 15℃에서는 70% 정도, 18~20℃에서 60%, 21~23℃에서 50%, 24℃ 이상에서는 40%가 적당한 습도이다.

현재 지정된 겨울철 실내 적정 온도는 18~20℃, 적정 습도는 40%지만, 노인이나 환자의 경우 실내 적정 온도 26~28℃, 습도 40~50%, 아이는 적정 온도 22℃, 습도 40% 정도가 권장되고 있다. 그리고 여름철 실내 적정 온도는 공공기관은 28℃, 일반 건물은 26℃, 판매시설이나 서비스 기관은 25℃를 준수하도록 권장하고 있다.

5. 공기 선도의 종류

대부분의 사람들이 가장 안락하게 느끼는 공조 조건은 온도 22~27℃, 상대 습도 40~60% 사이로 습공기 선도 상의 이 지역을 **안락지역**(comfort zone)이라 한다. 따라서 실내공기를 선도상의 이 지역에 들어가도록 가열, 냉각, 제습 및 가습을 해야 하는 것을 공기조화(air conditioning)라 한다.

예를 들면 외기온도 35℃, 상대습도 60%인 외기를 안락지역으로 가져가기 위한 공조설계를 보면, 제거된 습기량 11.5g, 제거된 열량 ①~② 48kJ/kg, 가열량 ②~③ 10kJ/kg이 된다.

습공기의 열역학적 상태량을 선도에 그려서 이용하면 공조 계산 등을 하는 경우에 매우 편리하다. 이와 같은 목적으로 만들어진 선도를 **습공기 선도**(psychometric chart)라 하며, 단지 습공기의 여러 가지 열역학적 상태량을 나타낼 뿐만 아니라 공조 과정의 계산을 선도를 사용해 산출하는 데도 이용할 수 있다. 전압력을 어떤 값으로 결정하면 습공기의 열역학적 상태량도 결정되므로 습공기 중의 어떤 두 가지 상태량을 기준으로 좌표축에 선택하면 다른 상태량은 그 선도상에 모두 나타낼 수 있다.

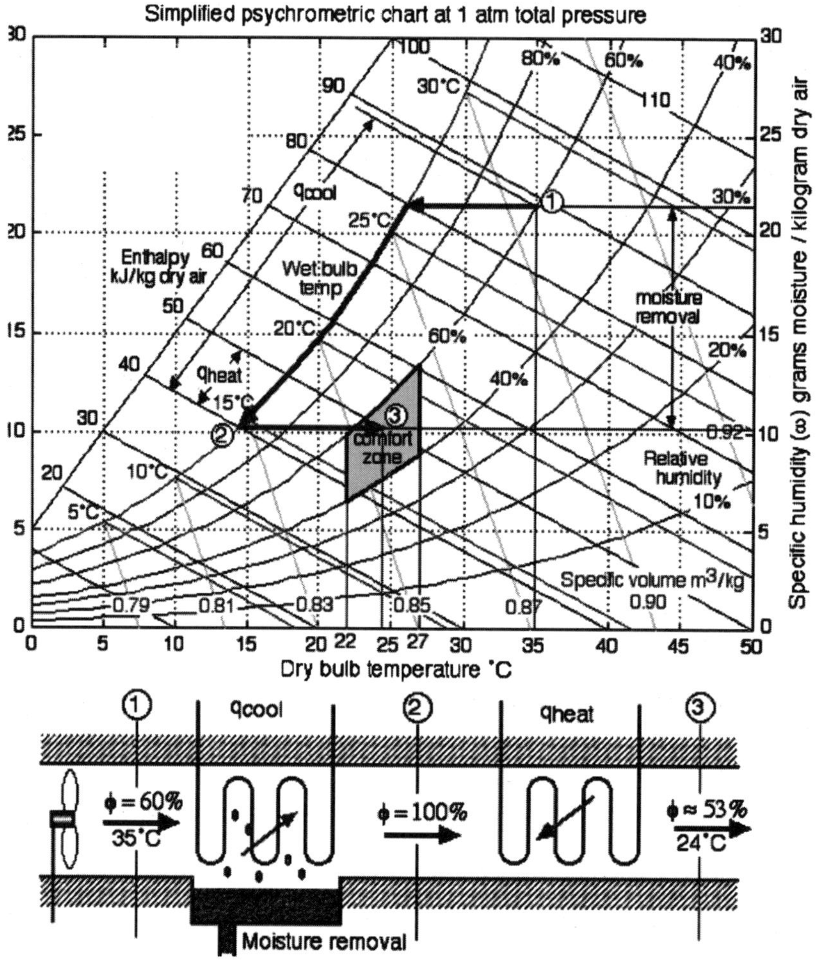

그림 2-25 습공기 선도

즉, 대기압이 일정할 때 습윤공기(濕潤空氣)의 상태량인 건구온도(乾球溫度) t, 습구온도 t_w, 상대습도 φ, 포화도 ψ, 이슬점 t_r, 엔탈피 i, 절대습도 x 등의 상호관계를 좌표평면에 나타낸다. 이 중 하나를 결정하면 다른 것이 모두 결정되기 때문에 두 좌표에 잡는 상태량에 따라서 $i-x$선도, $t-x$선도, $t-i$선도 등 3가지로 나눌 수 있으며, 공조계산에서는 현재 $i-x$선도가 많이 사용되고 있다.

(1) *i-x* 선도(엔탈피와 절대습도)

이 선도는 절대습도 χ를 종축으로 하고 엔탈피를 여기에 경사된 좌표축으로 i-χ의 사교좌표(斜交座標)로 되어 있다. 실제로 작성된 선도에서는 하부에 건구온도를 나타내고 있는 것이 많으며, 건구온도선이 그 축에 대해서 수직으로 되어 있지 않고 상부로 감에 따라 차츰 열려 있는 것으로부터 건구온도가 좌표축이 아닌 것을 알 수 있다. 이 선도는 고온 다습한 지역으로서 냉방을 중점으로 하는 한국, 일본, 동남아시아, 미국 등에서 사용하고 있다.

(2) *t-x* 선도(건구온도와 절대습도)

절대습도를 종축에 건구온도를 횡축에 취한 직교좌표로 **캐리어(Carrier) 선도**라 하며, 실용적인 측면에서 유리하지만, 습구온도가 같은 습공기의 엔탈피는 건구온도가 달라져도 근사적으로 같은 값을 나타내므로 정확한 엔탈피 값을 위해 엔탈피 보정을 필요로 하는 단점이 있다. 이 선도는 난방 중심으로 엔탈피의 중요성이 비교적 작은 유럽 지방에서 사용되고 있다. 단열 포화온도 항에서 동일한 습구온도의 공기라도 포화 공기의 엔탈피와 불포화 공기의 엔탈피 사이에는 절대습도의 차에 의한 온도인 물의 엔탈피 분만큼 불포화 공기의 엔탈피는 작은 값을 지닌다.

(3) *t-i* 선도(건구온도와 엔탈피)

건구온도를 횡축으로 하고 포화 공기의 엔탈피를 종축으로 나타낸 선도이며, 냉각탑 또는 에어와셔 등에 물과 공기가 직접 접촉하는 경우의 해석이나 계산에 사용되고 있다.

표 2-4 공기표(760mmHg)

t (℃)	수증기의 포화압력 p_s $mmHg$	포화공기의 절대습도 χ_s kg/kg	포화공기의 비체적 v_s m^3/kg	t (℃)	수증기의 포화압력 p_s $mmHg$	포화공기의 절대습도 χ_s kg/kg	포화공기의 비체적 v_s m^3/kg
1.1	4.581	0.003772	0.7786	52.0	102.14	0.09657	1.064
4.0	6.098	0.005031	0.7915	56.0	123.9	0.1211	1.114
8.0	8.042	0.006652	0.8050	60.0	149.5	0.1523	1.175
12.0	10.514	0.008725	0.8192	64.0	179.5	0.1922	.10250
16.0	13.61	0.01136	0.8341	68.0	214.3	0.2442	1.346
20.0	17.53	0.01469	0.8501	72.0	254.8	0.3136	1.471
24.0	22.38	0.01887	0.8673	76.0	301.5	0.4090	1.640

28.0	28.35	0.02410	0.8862	80.0	355.3	0.5460	1.879
32.0	35.67	0.03063	0.9070	84.0	416.9	0.7557	2.241
36.0	44.57	0.03875	0.9304	88.0	487.2	1.111	2.850
40.0	55.34	0.04884	0.9568	92.0	567.1	1.829	4.076
44.0	68.29	0.06140	0.9872	96.0	657.7	3.999	7.770
48.0	83.75	0.07703	1.022	100.0	760.0	-	-

예제 온도 20℃, 상대습도 50%인 습공기 중의 수증기의 분압을 구하시오.

풀이 위 표에서 20℃일 때의 포화수증기압력이 $17.53mmHg$ 가 되며, 상대습도가 50%이므로, 이를 상기 식에 대입하면 다음과 같이 계산된다.

$p_w = \phi\, p_s = 0.5 \times 17.53 = 8.765\ mmHg$

예제 다음 물음에 답하시오.

1. 기압 1000hPa, 온도 20℃, 노점온도 10℃ 공기의 상대습도와 혼합비(g/kg)를 구하시오.
2. 기압 1000hPa, 온도 20℃, 상대습도 60%인 공기의 노점온도와 혼합비(g/kg)를 구하시오.
3. 기압 1000hPa, 온도 0℃, 상대습도 60%의 공기와 기압 1000hPa, 온도 20℃, 상대습도 60%의 공기 각각의 가온도 및 온도와의 차를 구하시오.
4. 어느 지점에서 정오의 기압이 1000hPa, 기온이 20℃, 상대습도가 70%였다. 수증기량과 기압은 변하지 않고 기온이 저절로 떨어진다고 할 때, 몇도까지 떨어지면 이슬이 형성되는가?

《온도와 포화수증기압의 관계》

온도(℃)	0	1	2	3	4	5	6	7	8	9	10
압력(hPa)	6.11	6.62	7.06	7.58	8.14	8.72	9.35	10.2	10.73	11.48	12.28
온도(℃)	11	12	13	14	15	16	17	18	19	20	
압력(hPa)	13.13	14.03	14.98	15.99	17.06	18.19	19.38	20.65	21.98	23.39	
온도(℃)	21	22	23	24	25	26	27	28	29	30	
압력(hPa)	24.88	26.45	28.10	29.83	31.68	33.62	35.66	37.80	40.07	42.44	

풀이 1. 상대습도 $\varphi = \frac{P_w}{P_s} \times 100 = \frac{12.28}{23.39} \times 100 = 52.5 \fallingdotseq 53\%$

혼합비 $W = 0.622\,\frac{P_w}{P} = 0.622 \times \frac{12.28}{1,000} = 7.6\ g/kg$W

2. 노점온도 $P_w = \varphi P_s = 0.5 \times 23.39 = 14.03$, 따라서 노점온도는 12℃이다.

혼합비 $W = 0.622 \dfrac{P_w}{P} = 0.622 \times \dfrac{14.03}{1,000} = 8.7\ g/kg$

3. ① 수증기압 $P_w = \varphi P_s = 0.6 \times 6.11 = 3.66\, hPa$

$$W = 0.622 \frac{P_w}{P} = 0.622 \times \frac{3.66}{1,000} = 2.3\ g/kg$$

$\therefore$ 가온도 $T_V = T + \dfrac{W}{6} = 0 + \dfrac{2.3}{6} = 0.383℃ ≒ 0.4℃$

② 수증기압 $P_w = \varphi P_s = 0.5 \times 23.39 = 14.03\, hPa$

$$W = 0.622 \frac{P_w}{P} = 0.622 \times \frac{14.03}{1,000} = 8.7\ g/kg$$

$\therefore$ 가온도 $T_V = T + \dfrac{W}{6} = 20 + \dfrac{8.7}{6} = 0.383℃ ≒ 21.6℃$

$\therefore$ 가온도의 차이=21.6−0.4 = 21.2℃

4. 수증기압 $P_w = \varphi P_s = 0.7 \times 23.39 = 16.37$ hPa이므로, 주어진 관계에서 14℃와 15℃ 사이의 값에 있으므로 약 14.5℃까지 떨어지면 이슬이 맺힌다.

6. 현열비(Sensible heat factor, SHF)

습한 공기의 온도와 습도가 동시에 변화하여 열량이 소비될 때 전열량(엔탈피) 중에서 현열량과 잠열량의 비율에 의하여 공기 선도 상의 이동하는 방향이 정해진다. 전열량에 대한 현열량의 비율을 **현열비(顯熱比)**라고 하며, 또는 공기조화 부하계산에서 실내 열부하에 대한 실내 현열부하의 비율로 감열비라고도 한다. 이 값은 엔탈피변화에 대한 현열량 변화의 비율로 다음과 같으며, t-χ선도에는 SHF를 쉽게 구할 수 있도록 눈금이 새겨져 있다.

$$SHF = \frac{q_s}{q_s + q_r} = \frac{C_p \cdot \Delta t}{\Delta i}$$

q_s : 현열량(현열부하)($kcal/h$)

q_r : 잠열량(잠열부하)($kcal/h$)

C_p : 습공기의 정압비열$(=0.24+0.44\,x\,(kcal/kg\cdot ℃))$

Δt : 건구온도 차(℃)

Δi : 건공기의 엔탈피 차$(kcal/kg)$

7. 습공기 선도의 구성 및 사용법

습공기 선도의 기본적인 구성을 도시하면 선도에서 보는 바와 같이, 세로축에는 절대습도와 수증기분압, 또는 현열비(SHF), 가로축에는 건구온도와 노점온도 등의 온도눈금으로 되어 있다.

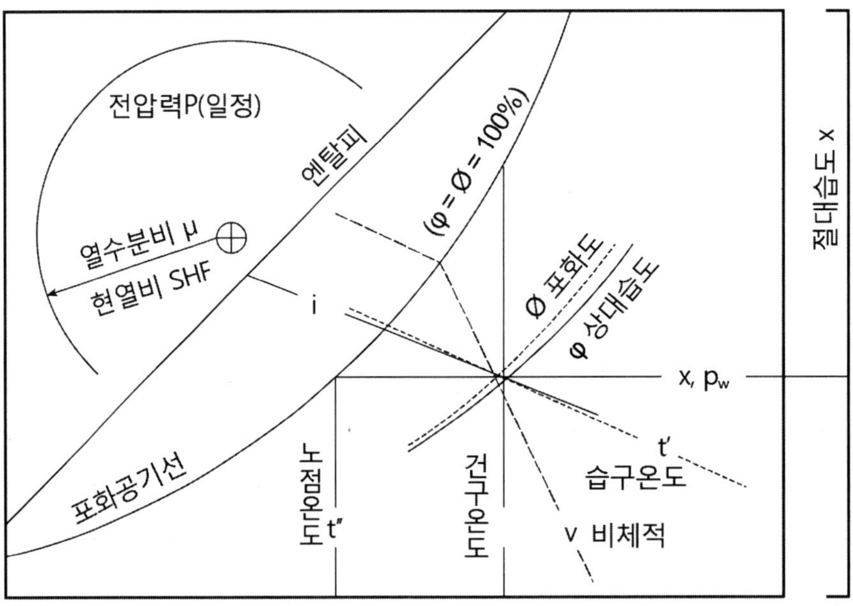

그림 2-26 습공기 선도의 구성

습공기 선도의 사용 방법으로 공기의 건구온도와 습구온도로부터 다른 상태 값을 구하는 과정의 경우, 그림에서 건구온도 20℃, 상대습도 50%일 경우에 대한 예를 들면 다음과 같다.

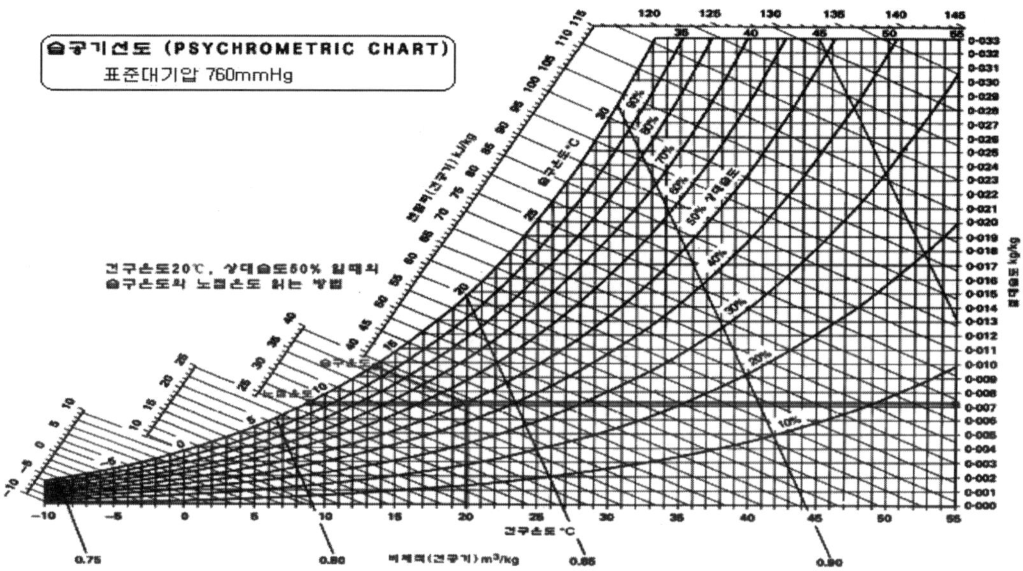

그림 2-27 습공기 선도의 사용법

① 가로축에 20℃를 잡고, 수선을 그어 상대습도 50%와의 만난점을 구한다.

② 습구온도(WB)는 만난점에서 습구 온도선에 평행하게 연장하여 포화선(습도 100%)과의 만나는 점을 구하면 습구온도는 13.6℃가 된다.

③ 절대습도는 교점으로부터 수평으로 오른쪽 절대습도선과의 만난 점을 구하면 χ=0.0072kg/kg'가 된다.

④ 노점온도(DT)는 교점에서 절대습도선과 평행하게 연장하여 100% 포화선과의 교점온도를 읽으면 8.8℃가 된다.

⑤ 엔탈피는 교점으로부터 사선으로 엔탈피선을 따라 만나는 값을 보면, 엔탈피는 $38kJ/kg$이 된다.

⑥ 비체적은 왼쪽 위로부터 오른쪽 아래로 향하는 일점쇄선으로 표시되며, 교점의 비체적은 $0.855m^3/kg$이 된다.

예제 30℃, 760mmHg인 습공기의 상대습도가 35%일 때, 습공기 표를 이용하여 다음을 구하시오.

① 습공기 중 수증기 분압 ② 습공기 중 수증기 비중량 ③ 건공기 비중량
④ 절대습도 ⑤ 포화도 ⑥ 습공기 분자량 ⑦ 습공기 가스정수 ⑧ 습공기 비중량

풀이 습공기 표에서 30℃, 35%일 때 포화수증기압 $p_s = 4.327 \times 10^{-2} kg_f/m^2 = 33.83 mmHg$ 이다.

① $P_w = \varphi P_s = 0.35 \times 4.327 \times 10^{-2} = 151.4 kg/m^2$

② $\gamma_w = \dfrac{P_w}{R_w T} = \dfrac{151.4}{47.06 \times (30+273)} = 0.01062 kg/m^3$

③ $\gamma_a = \dfrac{P_a}{R_a T} = \dfrac{P - P_w}{R_a T} = \dfrac{(1.03323 - 0.01514) \times 10^4}{29.27 \times (30+273)} = 1.1479 kg'/m^3$

④ $\chi = 0.622 \times \dfrac{\varphi P_s}{P - \varphi P_s} = \dfrac{0.622 \times 0.35 \times 31.83}{760 - 0.35 \times 31.83} = 9.253 \times 10^{-3} kg/kg'$

⑤ $\Phi = \varphi \dfrac{P - P_s}{P - \varphi P_s} = 0.35 \times \dfrac{760 - 31.83}{760 - 0.35 \times 31.83} = 0.3403 = 34.03\%$

⑥ $M = 28.96 - 10.94 \dfrac{\varphi P_s}{P} = 28.96 - 10.94 \times \dfrac{0.35 \times 31.83}{760} = 28.80$

⑦ $R = \dfrac{848}{M} = \dfrac{848}{28.80} = 29.44 kg \cdot m/kg \cdot K$

⑧ $\gamma = \dfrac{P}{R_a T}\left\{1 - \dfrac{\varphi P_s}{P}\left(1 - \dfrac{R_a}{R_w}\right)\right\}$

$= \dfrac{1.03323 \times 10^4}{29.27 \times (30+273)}\left\{1 - \dfrac{0.35 \times 4.327 \times 10^{-2}}{1.03323}\left(1 - \dfrac{29.27}{47.06}\right)\right\} = 1.1586 kg/m^3$

제4장 열역학 제2법칙

4-1 열역학 제2법칙

일은 열로 쉽게 전환될 수 있는 자연현상이지만 열을 일로 바꾸려면 열기관을 통해야 되는데, 이렇게 해도 열이 전부 일로 전환되지 못하고 일부는 손실된다. 이와 같이 열과 기계적인 열 사이의 방향적 관계를 명시한 것이 열역학 제2법칙(second law of thermodynamics)으로 다음과 같이 여러 가지로 표현된다.

① 열은 그 자신으로는 다른 물체에 아무 변화도 주지 않고 저온도의 물체로부터 고온도의 물체로 이동되지 않는다.(Clausius)

② 자연계에 아무 변화를 남기지 않고 어떤 열원의 열을 계속해서 일로 바꿀 수 있는 기관인 제2종 영구 운동기관은 존재할 수 없으며, 열기관에서 동작 유체에 일을 시키려면 이보다 저온인 물체가 필요하다.(Kelvin)

③ 고립계에서 총 엔트로피(무질서도)의 변화는 비가역변화에 의해서 항상 증가하거나 일정하고 절대로 감소하지 않으며(엔트로피 증가의 원리), 에너지 흐름은 엔트로피가 증가하는 방향으로 흐른다는 것이다. 즉, 자연계에서 일어나는 모든 과정들은 가역과정이 아니라는 것이다.

열역학 제1법칙이 과정 전후의 에너지를 양적(量的)으로 규제하고 있는데 비하여, 제2법칙은 에너지가 흐르는 방향을 규제하는 성격을 띠고 있다.

물체의 상태만으로 결정되는 엔트로피라는 양을 정의하고, 열의 출입이 차단된 고립계에서는 엔트로피가 감소하는 변화가 일어나지 않고, 항상 엔트로피가 증가하는 방향으로 변하며, 결국에는 엔트로피가 극댓값을 가지는 평형 상태에 도달한다고 할 수 있다. 즉, 에너지는 자유로이 형태를 변환시킬 수 있지만, 그때마다 반드시 에너지가 갖고 있었던 능력인 포텐셜(potential)이 사라진다. 일반적으로 에너지를 변환시킬 때마다 엔트로피가 발생하고, 그 결과 엔트로피의 총량은 증가하게 되며 에너지의 가치(potential)는 점점 줄어들게 된다.

엔트로피는 어떤 계의 무질서 정도를 나타내는 척도이며, 엔트로피가 높을수록 계의 무질서도가 높다. 고립계가 아닌 계에서는 엔트로피를 인위적으로 줄어들게 할 수 있는데, 예를 들어 방 안에 놓인 에어컨이 작동하여 방 안 공기의 온도를 낮추는 경우, 방 안 공기의 엔트로피는 줄어들지만 이 경우 방 안 및 외부를 모두 포함하는 전체 계를 보면 엔트로피는 항상 증가한다. 에어컨이 작동함에 따라 방 바깥으로 배출되는 열에너지가 발생시키는 엔트로피의 양이 방 안에서 줄어드는 엔트로피의 양보다 많기 때문이다.

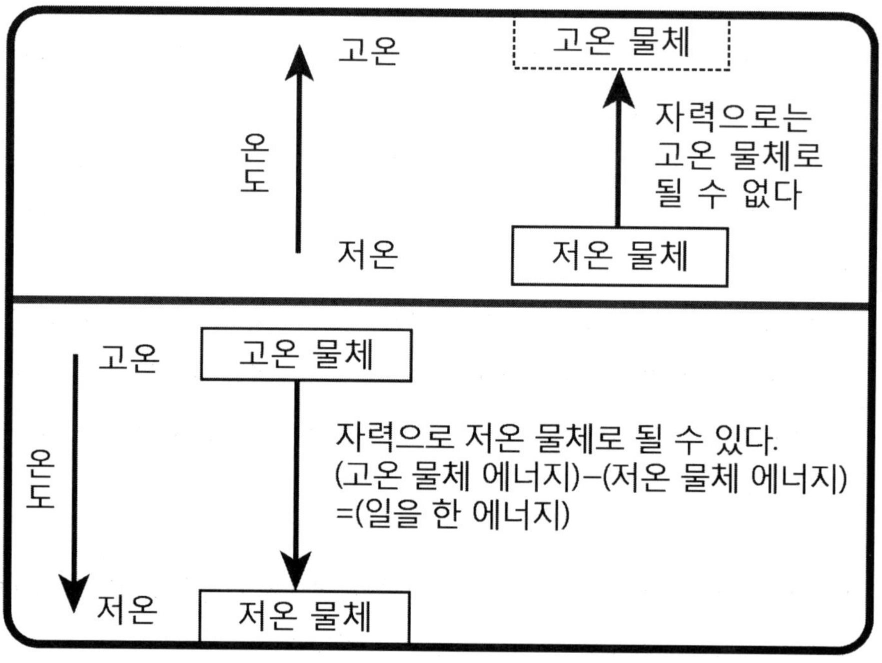

그림 2-28 열역학 제2법칙

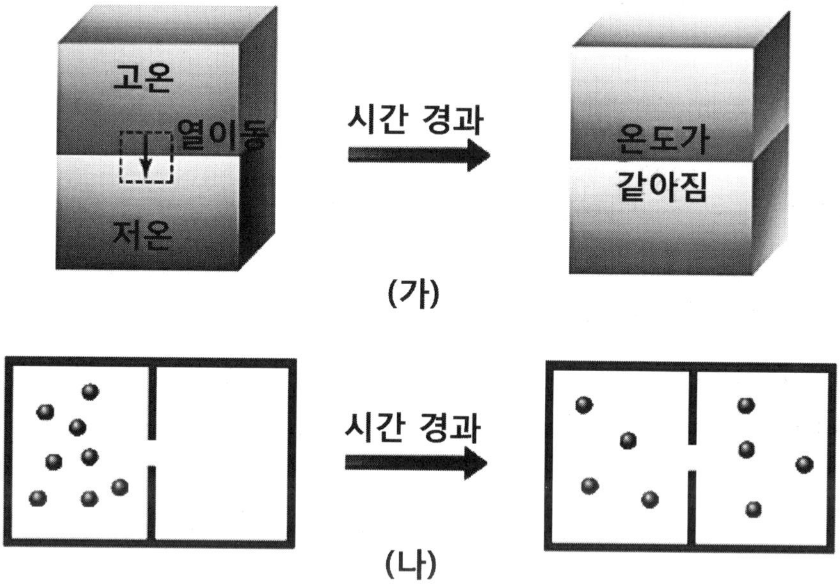

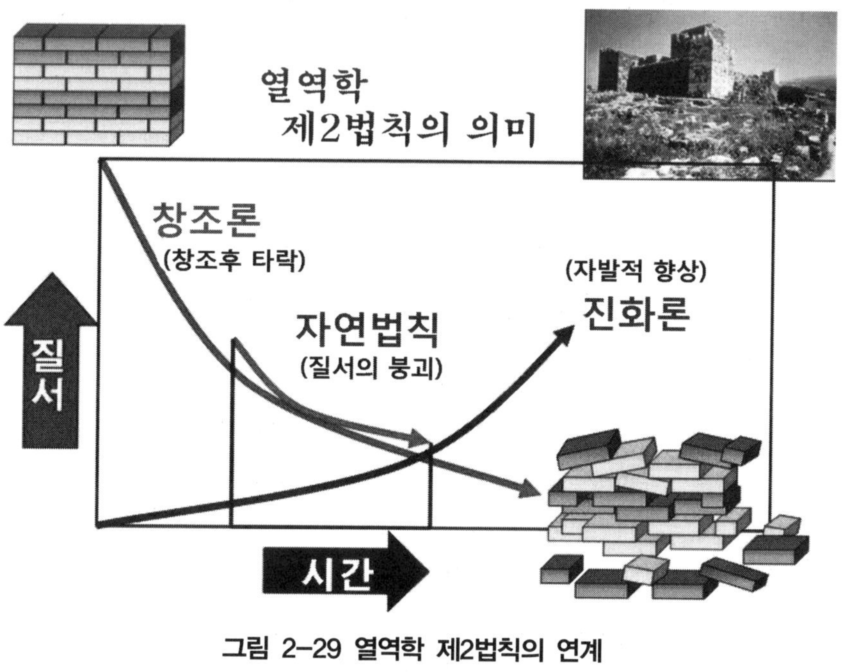

그림 2-29 열역학 제2법칙의 연계

☞ 자연계에서의 현상

① 손을 비비면 마찰이 있어 열이 발생하고 따뜻하게 느껴지지만 손을 따뜻하게 하였다고 두 손이 비벼지지는 않는다.

② 불이 한 번 일어나면 원래 상태로 돌아가지 않으며, 연료를 일단 연소시켜도 다시 연료로 돌아오지 않는다.

③ 냉장고에서 나온 차가운 냉수는 꺼내 놓으면 미지근해질 뿐 다시 차가워지지 않는다.

④ 전기히터로 물을 가열할 수는 있지만, 뜨거운 물이 차가워지면서 전기히터에 전기가 들어오게 만들 수는 없다.

⑤ 컵의 물에 설탕의 결정이 한 번 녹으면 저절로는 다시 결정으로 돌아갈 수 없다.

⑥ 사람이 한 번 늙으면 다시 젊어지지 못한다.

4-2 카르노사이클(Carnot Cycle)

열기관의 원리는 열기관이 열에너지를 역학적 에너지로 바꾸어 일을 할 때 전부 일로 변하지는 않고 받은 열에너지 일부만 일로 바꾸는 데 쓰이며 나머지는 열기관 자체를 가열하거나 주위로 열을 빼앗긴다.

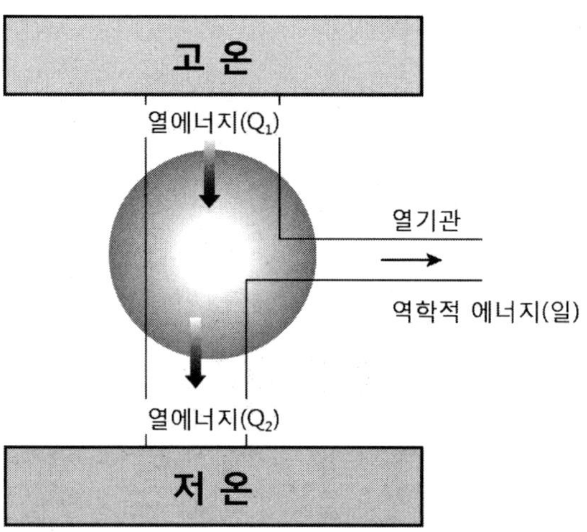

▲ 열기관

그림에서 보면 고온에서 받은 열에너지(Q_1)의 일부만 역학적 에너지나 일(W)로 바꾸고, 나머지 열에너지(Q_2)는 저온으로 보낸다.

이때 열기관에 공급된 열에너지의 양에 대하여 열기관이 한 일의 양을 백분율로 나타낸 것을 **열효율(熱效率, Thermal Efficiency)**이라고 하며 다음과 같이 표현된다.

① 열효율 = 열기관이 하는 유효한 일과 이것에 공급한 열량 또는 연료의 발열량과의 비

② 열효율 = 출열/입열

③ 열효율 = 발생된 열량/소비연료량과 연료발열량

④ 열효율 = 열을 공급받아서 한 일/열을 공급하기 위하여 공급된 원료량

⑤ 열효율 = 열기관(熱機關)에 공급된 열량과 그 기관의 출력(出力)과의 비율

$$\text{열효율}(\%) = \frac{\text{열기관이 한 일}(W)}{\text{열기관이 받은 열량}(Q)} \times 100$$

$$\text{열효율} = \frac{W}{Q_1} \times 100 = \frac{Q_1 - Q_2}{Q_1} \times 100$$

임의의 작동 유체가 고온의 일정 온도에서 가역적으로 열을 받아들이고, 저온의 일정 온도에서 가역적으로 열을 방출하는 사이의 온도 변화를 가역 단열 변화로 실현하는 열기관의 이상적인 사이클이다. 즉, 고열원과 저열원의 온도가 주어졌을 때 그 사이에서 작용하는 사이클 중 이론적으로 가장 높은 열효율(熱效率)을 나타내는 열기관의 이상적인 사이클로 2개의 등온변화와 2개의 가역단열변화로 구성되어 있으며, 우리가 만들 수 있는 열기관 중에 가장 효율이 좋은 기관(engine)인 것이다. 이때 열효율은 두 열원의 절대온도에 의해서만 정해지며 작업 물질과는 관계가 없다.

두 열원 사이에 작용하는 사이클 중 그 열효율이 최대인 것은 가역 사이클인데, 카르노 사이클은 그림과 같이 더 직접적인 물리량인 $P-V$ 선도로 흔히 표현하며, 카르노기관이 1회 순환할 때 상태 1에서 시작해 2, 3, 4를 거쳐 다시 1로 돌아간다.

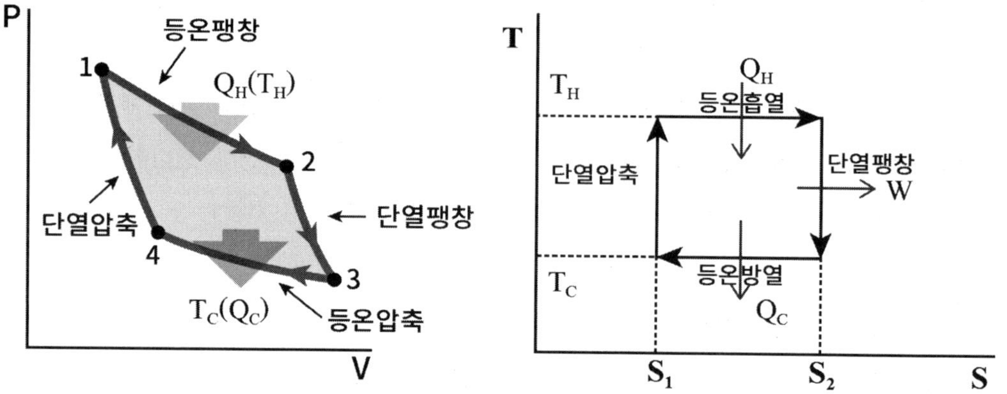

그림 2-30 카르노사이클 선도

① 등온팽창(1 → 2) : 고온 T_H로 유지되는 고열원에서 작동 유체(기체)가 열과 엔트로피를 흡수하고 이 과정에서 작동 유체는 주위에 일을 한다.

② 단열팽창(2 → 3) : 열의 출입이 없으므로 내부에너지를 소비하여 외부에는 계속 일을 하고, 그 과정에서 작동 유체의 온도가 T_H에서 T_C로 낮아진다.

③ 등온압축(3 → 4) : 저온 T_C로 유지되는 저열원으로 작동 유체가 열과 엔트로피를 방출하고, 이 과정에서 계가 외부로부터 일을 받으며, 방출된 엔트로피의 양은 (1→2) 과정에서 흡수한 엔트로피의 양과 같다.

④ 단열압축(4 → 1) : 열의 출입이 없는데 외부에서 계속 일을 받으므로 내부에너지가 증가하며, 그 과정에서 작동 유체의 온도가 원래의 온도 T_H로 올라간다.

카르노사이클의 열효율(thermal efficiency, η_c)은 다음과 같다.

$$\eta_c = \frac{AW}{Q_H} = \frac{Q_H - Q_C}{Q_H} = 1 - \frac{Q_C}{Q_H} = 1 - \frac{T_C}{T_H}$$

여기서 W는 열기관이 외부에 대해서 한 일, Q_C는 열기관에서 저열원으로 방출된 열, Q_H는 고열원에서 열기관으로 투입된 열, T_C는 저열원의 절대온도, T_H는 고열원의 절대온도이다. 그러므로 이상기체를 작동 유체로 한 카르노사이클의 열효율은 고열원과 저열원의 온도에만 관계되며, 고열원의 온도가 높고, 저열원의 온도가 낮은 쪽이 크게 된다. 카르노사이클의 열효율은 열기관이 가질 수 있는 이론상의 최대 효율이며, 실제로는 열기관이 순환을 반복하는 도중에 마찰열 등에 의한 손실이 필연적이기 때문에 비가역기관의 효율은 항상 이보다 작게 된다.

역 카르노사이클(converse carnot cycle)은 열기관의 사이클(카르노 사이클)과는 역회전이 되는 사이클로 냉동기(冷凍機)이나 열펌프(heat pump)의 이상적인 사이클이 된다. 역 카르노 사이클을 기반으로 하여 냉동작용을 위해 냉매의 상태 변화를 유발하는 사이클이 **냉동사이클**이다.

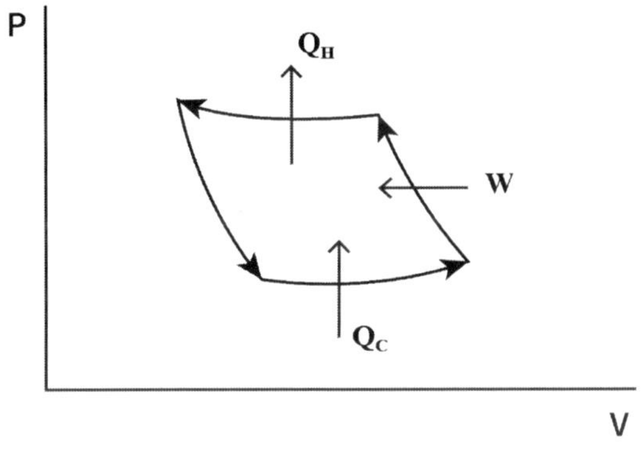

그림 2-31 역 카르노사이클 선도

☞ 성적계수(coefficient of performance, 成績係數)

냉동기 능률의 양호 또는 불량 정도를 표시하는 계수, 즉 냉장고(refrigerator)나 에어컨(air conditioner), 열펌프 등 온도를 낮추거나 올리는 기구의 효율을 나타내는 척도이다. 이 계수가 큰 냉동기일수록 능률이 좋으며, 투입된 일의 양 대비 뽑아내거나 공급한 열량의 비로 정의된다.

다시 말하면 냉동기의 증발기로 흡수하는 열량인 냉동량(冷凍量)과 압축 작업의 열당량(熱當量)과의 비로 나타내며, 동작계수라고도 하고, 증발기의 온도가 특히 낮을 경우 1 이하로 되는 경우도 있으나 보통 3~10의 값이다.

열펌프의 경우 온도를 올리는 기구이므로 난방 성능계수(COP_h), 냉장고나 에어컨의 경우 온도를 낮추는 기구이므로 냉방 성능계수(COP_c) 라고 표기하기도 한다.

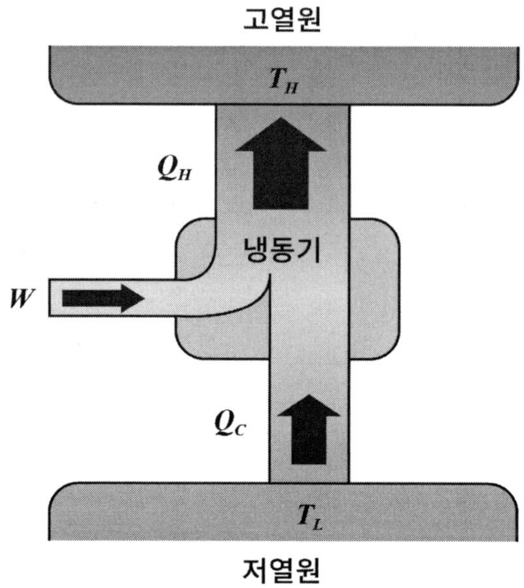

그림 2-32 성적계수

역 카르노 사이클로 구성된 냉동기(refrigerator) 및 열펌프의 성적계수 COP_c 및 COP_h는 다음 식으로 나타낸다.

$$COP_c = \frac{Q_c}{Q_H - Q_c} = \frac{T_c}{T_H - T_c}$$

$$COP_h = \frac{Q_H}{Q_H - Q_c} = \frac{T_H}{T_H - T_c}$$

실제 냉장고의 성능계수를 향상시키기 위해서는 투입되는 일의 양을 줄이거나 뽑아내는 열량을 크게 해야 한다. 투입되는 일의 양을 줄이기 위해서는 냉장고 냉매를 응축하는 응축기의 용량을 충분히 크게 잡아 응축압력이 낮아지도록 하고, 증발기 및 각종 배관 등에서 압력 손실을 최소화해야 한다. 뽑아내는 열량을 크게 하기 위해서는 액체-가스 열교환기를 설치하거나 응축된 냉매가 배관에서 미리 기화되지 않도록 기화되는 냉매 양을 최소화해야 한다.

예제 600℃의 고열원과 200℃의 저열원 사이에서 작동하는 카르노사이클의 열효율을 구하시오.

풀이 $\eta_c = 1 - \frac{T_C}{T_H} = 1 - \frac{(200+273)}{(600+273)} = 0.458$

$\therefore\ \eta_c = 45.8\%$

예제 카르노사이클로 작동되는 기관이 250℃에서 200kcal의 열을 받아들이고, 20℃에서 방출한다면 일량(Nm)은 얼마나 되는가?

풀이 $\eta_c = 1 - \frac{T_C}{T_H} = \frac{(250+273)-(20+273)}{(250+273)} = 0.4398$

$\therefore\ W = \frac{\eta_c Q}{A} = 0.4398 \times 200 \times 427 \times 9.8 = 368{,}048.8\ Nm$

예제 이론 냉동사이클에서 응축기 온도가 27℃, 증발기 온도가 -23℃인 경우 이상적 성적계수는 얼마인가?

풀이 $COP_c = \frac{T_c}{T_H - T_c} = \frac{(273-23)}{(273+27)-(273-23)} = 5$

4-3 엔트로피(Entropy)

엔트로피는 에너지도 아니고 온도와 같이 감각적으로 알 수 있는 것도 아니며, 측정할 수도 없는 물리학상의 단위(kJ/K, kcal/K)이다. 어떤 물체에 열을 가하면 엔트로피는 증가하고, 냉각시키면 엔트로피는 감소하는 상상적인 양이다. 절대온도 T인 물체에 열량 Q가 주어지면 그 물체의 엔트로피는 S만큼 증가하고, 반대로 Q만큼 잃어버리면 그만큼 감소한다는 것은 어떤 열역학적 계에 출입한 열량으로 엔트로피를 정의한 것이며, 다음과 같은 식으로 표현된다.

$dQ = T\,dS$ 또는 $S = \frac{Q}{T}$

자연현상의 변화는 물질계의 엔트로피가 증가하는 방향으로 진행한다. 열이 높은 온도에서 낮은 온도로 흐르고, 운동에너지가 열에너지로 바뀌어 가는 것도 자연에서 일어나는 변화의 방향이다. 엔트로피는 물질계의 열적 상태로부터 정해진 양으로써 무질서에서 질서로 옮겨가는 과정이며, 이것은 자발적으로 일어나지 않는다.

예를 들면 냉동기의 저온부에서 열을 빼앗아 고온부로 방출하는 과정에서 국부적으로 엔트로피가 감소하지만, 여기에는 냉동기를 작동시키는 모터 내에서 전류가 열로 바뀐다는 자연적 과정이 필연적으로 동반하므로 전체로는 엔트로피가 증가한다.

즉, 어떤 부분의 엔트로피를 감소시키면 다른 부분에서 그보다 더 많은 양의 엔트로피를 증가시켜야만 한다. 인간은 매년 더 많은 에너지를 사용하고 있으며, 에너지를 사용할 때마다 엔트로피는 항상 증가하므로 우리가 문명을 향유하면 할수록 우리 주위의 자연은 더 많은 대가를 치르고 있는 것이다.

엔트로피는 항상 증가하는 방향으로만 움직이므로 운동에너지는 모두 열에너지로 바뀔 수 있지만, 열에너지는 모두 운동에너지로 바뀔 수 없다. 우주는 엔트로피가 0인 상태에서 시작해서 엔트로피가 최대가 되는 상태에서 끝난다고 말할 수 있을 것이다.

4-4 열역학 제3법칙(Third law of thermodynamics)

절대영도에서의 엔트로피에 관한 법칙으로 **네른스트의 열정리**(Nernst heat theorem)라고도 한다. 열역학 과정에서 엔트로피의 변화 ΔS는 절대온도 T가 0으로 접근할 때 일정한 값을 가지며, 그 계는 가장 낮은 상태의 에너지를 갖게 된다는 법칙으로 이 법칙에 의하면 절대영도에서 열용량은 0이 된다. 이는 절대온도가 0까지 내려가게 되면 존재할 수 있는 상태 수가 하나뿐임을 뜻한다.

다시 말하면 자연계에서는 물체의 온도를 어떠한 방법으로도 절대영도(-273℃, 0K) 이하의 온도로 내릴 수 없으며, 균질인 결정체의 엔트로피는 압력, 부피, 자기장 등 외부 조건과는 관계없이 절대영도 부근에서는 0에 접근한다. 완전한 결정을 이루는 원소의 엔트로피는 절대온도 0도에서 엔트로피도 0이라는 뜻이다.

$$S_T = \int_0^T \frac{C_p}{T} dT$$

$$dQ = T\,dS = 0$$

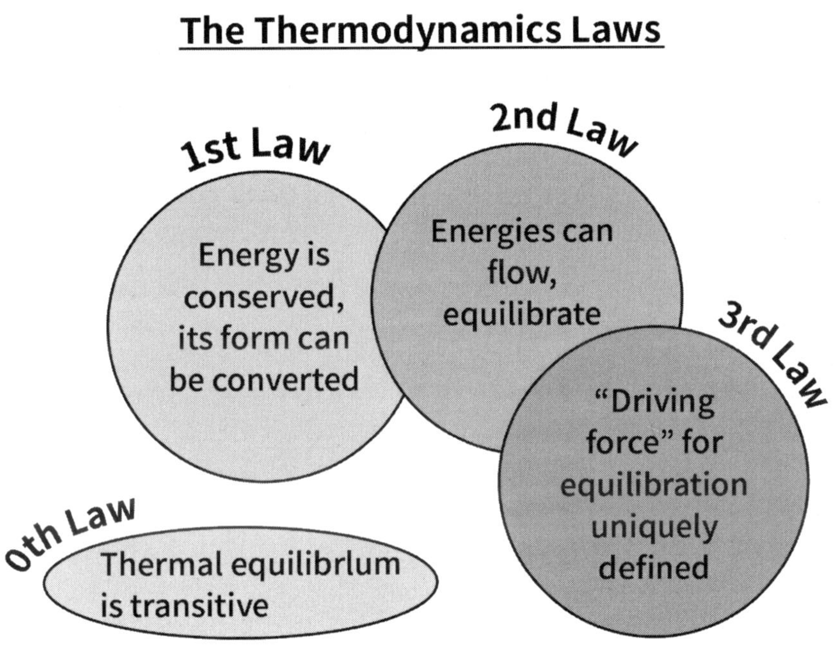

그림 2-33 열역학 법칙의 overview

제5장 증기

5-1 증기의 성질

물은 대기압 하에서 100℃에서 비등하나, 100℃가 되지 않은 물도 표면에서 증발작용이 일어나기 때문에 밀폐된 공간에 물이 든 그릇을 놓아두면 물이 줄어든다. 이것은 액체의 증기압(기체가 되려는 압력) 때문이므로 증기압은 온도에 비례하며, 액체의 상부 압력(대기 중에서는 대기압)과 같아질 때의 온도를 **비등점(boiling point)**이라 한다. 따라서 압력이 낮아지면 액체의 비등점은 상승하고, 반대로 압력이 낮아지면 액체의 비등점은 낮아진다. 또한, 상온에서 기체로 존재하는 것은 가스, 상온에서는 액체지만 열을 흡수하여 기체가 되는 것을 증기라 한다. 즉, 약간의 온도 강하나 압력 상승에 의해서 응축이 일어나는 기체를 의미한다.

1. 가열에 의한 상태 변화

액체를 가열할 경우 비등점에 도달할 때까지는 온도가 상승하다가 비등점에 도달하여 상태 변화(기화)가 일어나면 온도 변화가 없으며, 완전히 증발이 완료된 후에야 다시 온도상승이 이루어진다.

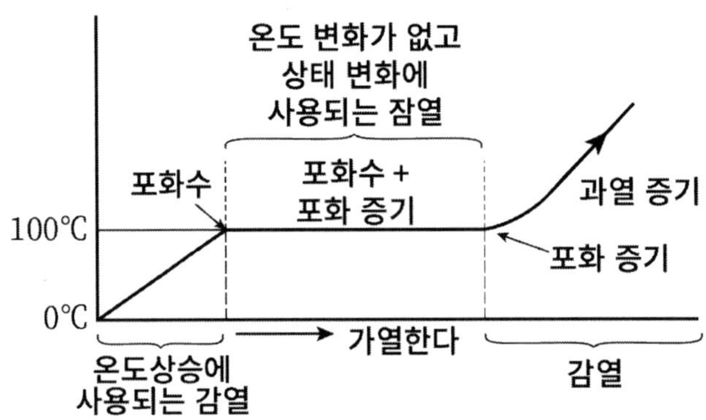

그림 2-34 증기의 발생

(1) 액체의 가열

물을 가열하면 그림의 a-b와 같이 온도가 올라감에 따라 비체적이 조금씩 증가하지만, 어떠한 일정한 온도 T_s에 도달하면 액체 상태로는 그 이상의 온도가 올라가지 않는다. 이온도 T_s는 물에 작용하는 압력에 따라서 변하는데, 이온도를 그 압력에 대한 **포화온도**(saturation temperature)라 하고, 이때의 물을 **포화수**(saturated water)라 한다.

포화수와 압력과 온도 사이에는 일정한 관계가 있다. 즉, 압력이 정해지면 온도가 결정되고 온도가 정해지면 압력이 결정되는데, 이때의 압력을 그 온도에 대한 **포화압력**(saturation pressure)이라 하며, 포화압력이 상승하면 포화온도도 상승한다.

물의 증발과정

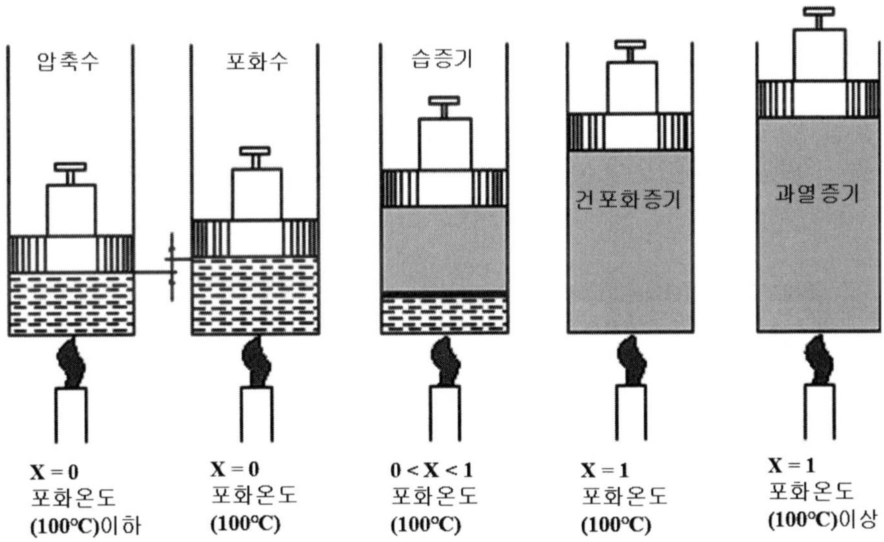

(2) 포화수의 가열

포화수를 가열하면 그 일부는 포화수와 동일한 온도 및 압력, 그리고 비체적이 증대하는데, 이것이 **증발**(vaporization)**현상**이다. 그러나 가열이 빠를 때에는 기포가 곳곳에서 발생하여 액면이 맥동하는 현상을 **비등**(boiling)이라 하며, 이때 발생하는 증기를 **포화증기**(saturated steam)라 한다. 즉, 액상의 물과 기상의 물이 공존하고 있는 상태로 증발하는 속도와 응축하는 속도가 같을 때의 증기를 의미한다.

증발은 그림의 점 b에서 시작하여 점 c까지 계속되며, 그동안의 압력과 온도는 일정하다. 가해진 열량은 모두 물을 증발시키는 데 쓰인다. b-c 사이에서 발생한 증기의 상태는 포화증기 중에 포화수의 작은 입자가 균일하게 혼합되어 있는 상태인데, 이와 같은 포화증기와 포화수의 혼합물을 **습증기**(wet steam)라 한다.

점 c는 증발이 끝나서 포화수가 모두 포화증기가 된 상태이며, χ는 1이 되므로 이 상태의 증기를 **건포화증기**(dry saturated steam)라 한다.

※ **포화증기압**

액체를 밀폐된 진공용기 속에 미소량을 넣으면 전부 증발하여 용기에 차서 어떤 압력을 나타내는데 이 압력을 그때의 **증기압**(Vapor pressure) 또는 **증기장력**(Vapor tension)이라 한다.

다시 액체를 주입하면 다시 증발이 되어 증발과 액화가 평행 상태를 이루며(동적 평형 상태), 이때의 증기압을 포화증기압(Saturated Vapor tension)이라 한다.

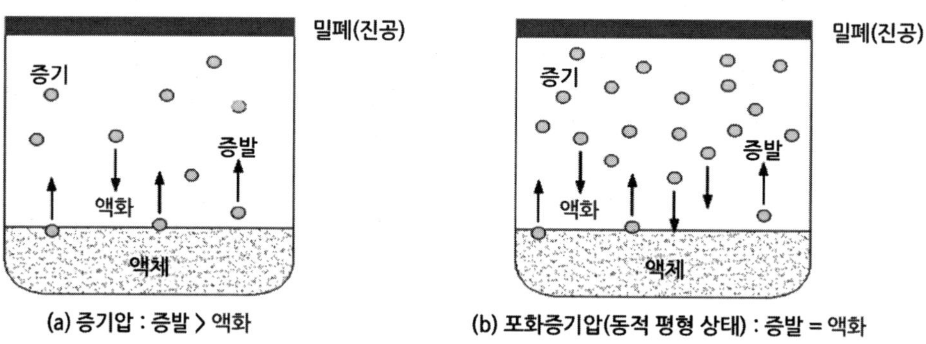

(a) 증기압 : 증발 > 액화 (b) 포화증기압(동적 평형 상태) : 증발 = 액화

분자운동은 온도 상승과 함께 활발해지므로 포화증기압도 온도의 상승에 따라 높아진다. 어떤 액체의 절대압력이 그 액체의 온도에 상당하는 포화증기압보다는 낮아지는 액체는 비등하게 된다. 따라서 수계 시스템에서 국소압력이 포화증기압보다 낮으면 기포가 발생하는데 이러한 현상을 **공동현상**(Cavitation)이라 한다.

(3) 증기의 가열

건포화증기를 포화압력 상태에서 가열을 계속하면 그림의 c-d와 같이 증기의 온도가 올라가고 비체적도 증가한다. 이때 포화온도 이상으로 가열된 증기를 **과열증기**(superheated steam)라 한다.

과열증기의 온도와 그 압력에 대한 포화온도와의 차를 과열도(degree of superheat)라 하는데, 이것은 증기의 과열된 정도를 나타내는데 사용된다. 과열증기의 상태는 압력과 온도가 주어지면 결정되고, 과열도가 높을수록 그 성질은 이상기체에 접근하며, 충분히 가열되었을 때에는 이상기체로 본다.

(4) 증기의 임계점

임계점(critical point)은 액체와 기체 두 상태를 서로 분간할 수 없는 임계 상태에서의 온도와 증기압이며, 일반적으로 기체는 임계온도 이하로 온도를 내리지 않는 한 아무리 압력을 가하여도 액화되지 않는다. 특정 온도 이상이 되면 더 이상 압력에 따른 상태 변화가 일어나지 않는 상태가 되는 온도를 **임계온도**(critical temperature), 임계온도에서 기체를 액화시키는데 필요한 가장 낮은 압력을 **임계압력**(critical pressure)이다.

임계온도와 임계압력 이상이 되면 물질은 기체도 액체도 아닌 유체의 형태를 지니며, 물은 임계온도 374.15℃, 임계압력 22.124MPa, 공기는 임계온도 -140.7℃, 임계압력 37.2atm, 산소는 임계온도 -118.57℃, 임계압력 49.77atm 이다.

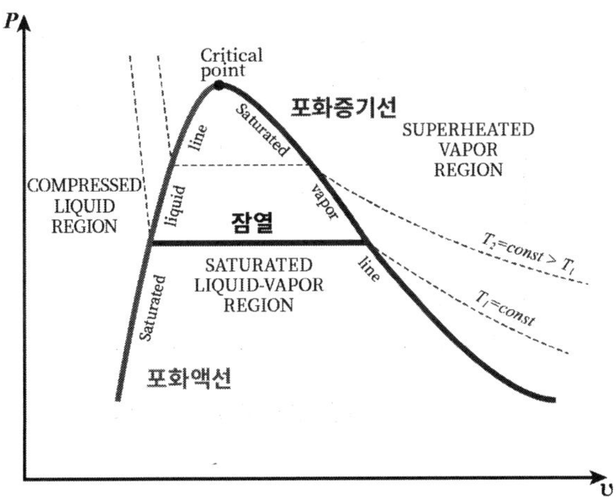

그림 2-35 $P-v$ 선도

과열증기를 등온압축하면, 그 온도의 포화압력까지는 기체 상태에서 압축되지만, 압력이 포화압력에 도달한 후부터는 계속 압축을 하면 증기는 방열을 하면서 액체로 변화하게 된다. 이때의 압력은 증기가 모두 액체가 될 때까지 변화하지 않지만, 증기가 모두 액체가 된 후에도 압축을 계속하면 다시 압력은 상승한다. 그러나 임계온도 이상의 과열증기는 아무리 압축해도 액화하지 않으며, 그 상태 변화는 완전가스에 접근하게 된다.

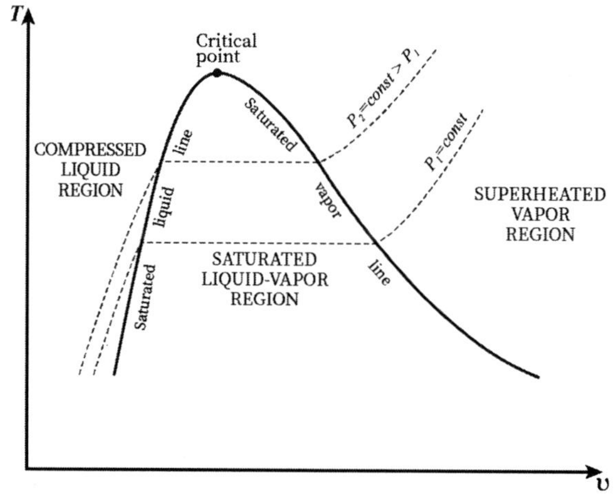

그림 2-36 $T-v$ 선도

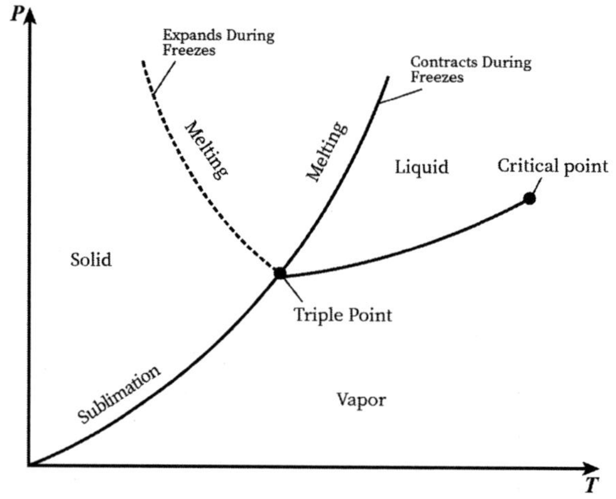

그림 2-37 $P-T$ 선도

2. 증기의 상태량

내부에너지, 엔탈피, 엔트로피는 기준 상태를 정하여 이것과 임의의 상태의 값과를 비교하여 그 상태량을 결정하며, 보통, 0℃에서 포화수의 내부에너지, 엔트로피의 값을 각각 0으로 정한다.

물 0.1MPa에서 포화수의 온도는 100℃이며, 압력이 내려가면 포화온도도 낮아져서 포화온도가 0℃가 될 때 포화압력은 62.3MPa, 비체적은 0.001m^3/kg이 되는데, 이때의 포화수 상태를 기준으로 하여 엔탈피 i_0'와 엔트로피 S_0'를 0으로 놓는다.

(1) 포화수(飽和水)

임의의 압력 하에 있는 물 1kg을 0℃에서 포화온도 T_s℃까지 높이는데 필요한 열량 Q는 다음과 같다.

$$Q = C\,T_s$$

여기서 C는 포화수의 평균비열(kcal/kg℃)이다.

또, T_s℃($T_s K$)의 포화수 1kg의 엔탈피는 i'와 엔트로피 s'는 다음과 같다.

$$i' \fallingdotseq C\,T_s = Q = U'$$

$$s' = C \ln \frac{T_s}{273}$$

(2) 포화증기(飽和蒸氣)

포화온도에서의 증발열을 γ라 하면, 건포화증기의 엔탈피 i''와 엔트로피 s''는 다음 식으로 표시된다.

$$i'' = i' + \gamma$$

$$s'' = s' + \frac{\gamma}{T_s}$$

또, 건도 χ의 습증기의 상태량은 각각 다음 식으로 나타낸다.

비체적 : $v = \chi v'' + (1-\chi)v' = ' + \chi(v'' - ')$

엔탈피 : $i = \chi i'' + (1-\chi)i' = h' + \chi(i'' - i') = i' + \gamma\chi$

엔트로피 : $s = \chi s'' + (1-\chi)s' = s'' + \chi(s'' - s') = s' + \chi\frac{\gamma}{T_s}$

(3) 과열증기(過熱蒸氣)

과열증기의 평균 정압비열을 C_p, 과열량을 Q_s라 하면, 온도 t(℃)에서 과열증기 1kg에 대해서 다음과 같다.

엔탈피 : $i = i'' + C_p(t - t_s) = i'' + Q_s$

엔트로피 : $s = s'' + C_p \ln \dfrac{T}{T_s}$

3. 증기표 및 증기 선도

증기의 열적 성질 중 공학에서 문제가 되는 것은 온도, 압력, 비체적, 엔탈피, 엔트로피 등이다. 그러나 증기의 성질을 매우 복잡하므로 정밀한 실험결과에 따라 증기의 상태식을 만들면 매우 복잡한 식이 되어 실제로 이것을 직접 사용할 수 없게 된다. 따라서 미리 상태식으로서 계산하여 표나 선도를 만들어 두고 그것을 필요에 따라 사용하게 되는데, 전자를 **증기표**(steam table), 후자를 **증기선도**(steam diagram)라 한다.

포화증기표에는 온도를 기준으로 한 것과 압력을 기준으로 한 것이 있는데, 각각 온도 또는 압력(절대압)이 주어질 때 사용된다. 일반적으로 증기표에는 포화수와 포화증기의 성질이 표시되며, 습증기의 성질은 표시되지 않는다. 습증기의 성질은 건도 x를 알면 위 식으로부터 구할 수 있다.

과열증기표에는 각각의 압력(절대압)에 대해서 온도를 기준으로 하여 과열 증기의 성질이 표시되어 있다. 증기표에 나타나 있지 않은 압력이나 온도에 대한 성질은 비례 배분의 법칙에 따라 그에 가까운 압력이나 온도에서 구하면 된다. 정밀한 계산을 해야 할 경우에는 증기표를 사용하지만, 그렇지 않을 때에는 증기 선도를 사용하면 편리하다.

냉동사이클의 운전 상태를 나타내는 **몰리에르선도**(Mollier chart)는 엔탈피를 종축에 엔트로피를 횡축으로 취해, 증기의 상태(압력, 비체적, 온도, 건도, 엔탈피, 엔트로피)를 나타낸 선도이며, 증기의 상태(t, p, v, x, i, s) 중 2개의 상태를 알면, 이 선도로부터 다른 상태를 알 수 있다.

증기 선도는 포화증기선 외에 등온선, 등압선, 등비체적선, 등건도선 등이 표시되어 있는데, 이것을 사용하여 증기의 성질을 구하거나 여러 가지 계산을 하게 된다.

① 과냉액 : 열을 가하면 온도가 상승하는 과정 중의 액체, 즉 포화점에 도달하지 못한 압축액(compressed liquid)이며, 포화온도 이상의 액체를 과열액(過熱液)이라 한다.

② 포화액 : 열을 가하면 온도상승 없이 증발하기 시작하는 액, 즉 액체 상태로는 더 이상 존재할 수 없는 액체로써, 이 점을 **포화점**, 이때의 온도를 **포화온도**, 이때의 압력을 **포화압력**이라 하며, 포화압력이 상승하면 포화온도도 상승한다.

③ 습포화증기 : 포화액이 증발하여 완전히 증기가 되기까지의 과정으로 액과 증기가 공존하는 상태에 있다.

④ 건조포화증기 : 포화액이 완전히 증발이 종료되었을 때의 상태로서 열을 제거하면 다시 액으로 변하기 시작한다.

⑤ 과열증기 : 건조포화증기가 열을 받아 과열된 상태의 증기로 과열증기의 열을 제거하면 액체로 응축되지 않고 건포화증기가 될 때까지 온도가 저하한다.

⑥ 건조도 : 건도(dryness, 乾度) : 습포화 증기에서 어느 정도의 수분을 포함하고 있는가를 나타내는 수분 함유율로써 포화액은 0, 건조포화증기는 1이다. 예를 들어 습증기 1kg 중에 건증기가 χkg이고, 남아 있는 수분이 (1-χ)kg일 때, χ를 **건도** 또는 **질(quality)**이라 하며, 습증기의 상태를 나타내는 데 사용된다.

⑦ 과열도 : 과열증기온도에서 포화온도를 뺀 값이다. 예를 들면 압축기 직전 흡입관 온도가 12℃, 게이지에 나타나는 온도(포화온도)가 7℃일 때 과열도는 5℃이다.

⑧ 과냉도 : 용융체(溶融體) 또는 액체가 평형 상태에서의 상(相) 변화 온도 이하까지 냉각되어도 변화를 일으키지 않는 현상을 과냉각(super cooling, 過冷却)이라 하며, 포화온도에서 과냉액온도를 뺀 것을 과냉각온도라 한다. 예를 들면 게이지에 나타나는 온도(포화온도)가 51℃, 팽창밸브 직전 액관의 측정온도가 46℃라면 과냉도는 5℃가 된다.

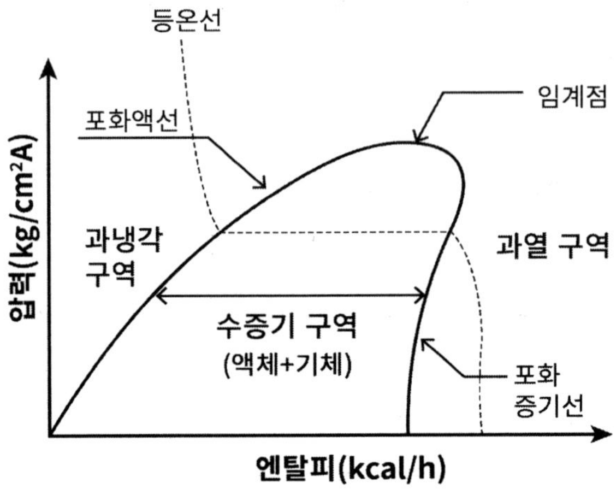

그림 2-38 Mollier Chart

⑨ 엔탈피 : 어느 압력 하에서 1kg의 물체 내에 들어 있는 열량과 그 체적만큼 주위의 것을 밀어낸 일의 열당량을 합한 것을 말하는데, 어떤 상태에서 가지고 있는 그 물질의 총열량이라고도 표현할 수 있다.

⑩ 등압선 : 선도에서 횡으로 그어진 선 위의 압력은 모두 같다. 등압선에 표시된 압력의 단위는 절대압력(absolute pressure, 絶對壓力)을 사용하므로 냉동장치의 압력계(게이지압)와 비교할 때에는 주의하여야 한다.

⑪ 포화액선 : 포화온도와 압력이 일치하는 비등 직전의 상태 액선으로 습한 증기 상태의 냉매와 액체 냉매와의 사이에 있으며, 다른 압력에서 바로 증발하려고 하는 냉매액 상태의 점을 연결한 곡선이다. 이 상태에서 왼쪽 부분으로 가면 과포화 상태가 되고, 오른쪽 부분으로 가면 증기가 포함된 상태가 된다.

⑫ 포화증기선 : 냉매액이 엔탈피를 얻어 충분히 활성화되어 그 압력에서 액으로써의 냉매를 하나도 가지고 있지 않은 상태점들을 연결한 선이다. 포화증기선의 왼쪽 부분으로 가면 습증기 상태이고, 오른쪽 부분으로 가면 과열증기가 되며, 포화증기선에 가까울수록 냉매의 건조도가 증가하게 된다.

⑬ 등비체적선 : 냉매의 비체적, 즉 냉매 1kg당의 체적이 같은 점을 연결한 곡선이다.

⑭ 등엔트로피선 : 엔트로피란 물체가 가진 열량을 물체의 절대온도로 나눈 값으로 물체가 열량을 잃어버리거나 얻을 때 엔트로피의 감소 또는 증가로 나타낸다. 냉

동장치의 압축기에서 냉매가스를 압축할 때 일어나는 과정을 단열 압축이라 가정하면, 엔트로피는 변화하지 않는다.

■ 예를 들면 압력 $10kg/cm^2$, 온도 300K인 증기의 상태는 그림에서 점 A로 표시되며, $s=1.704kcal/kgK$, $i=729.1kcal/kg$, $v=0.263m^3/kg$ 임을 알 수 있다.

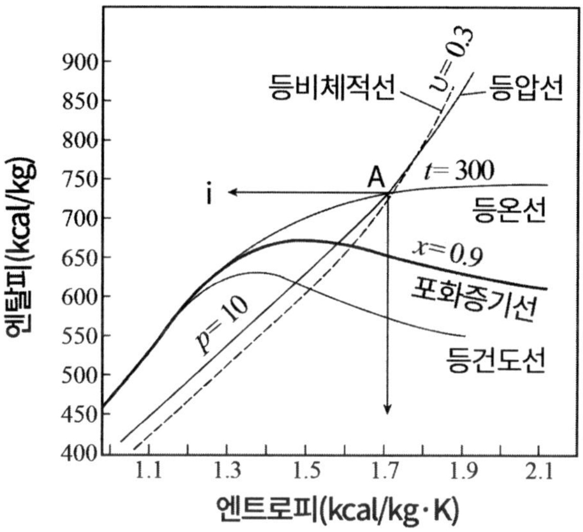

그림 2-39 $i-s$ 선도

예제 압력에 20ata, 건도 0.85인 습포화증기 1kg의 비체적, 엔탈피, 엔트로피 및 내부에너지를 구하시오.

풀이 증기표에서 20ata에서의 $v', v'', i', i'', s', s''$를 각각 찾아서 계산하면 다음과 같다.

$v'=0.0011749m^3/kg$　　$v''=0.1015m^3/kg$　　$i'=215.82kcal/kg$

$i''=668.5kcal/kg$　　$s'=0.5820kcal/kgK$　　$s''=1.5161kcal/kgK$

$$v_\chi=v'+\chi(v''-v')=0.0011749+0.85(0.1015-1.0011749)=0.0865m^3/kg$$

$$i_\chi=i'+\chi(i''-i')=215.82+0.85(668.5-215.82)=600.60kcal/kg$$

$$s_\chi=s'+\chi(s''-s')=0.5820+0.85(1.51561-0.5820)=1.3760kcal/kgK$$

$$v_\chi=i_\chi-APv_\chi=600.60-\frac{20\times10^4}{427}\times0.0865=560.08kcal/kgK$$

예제 체적 $0.5m^3$의 용기에 습포화증기 60kg이 들어 있다. 온도가 350℃라면 증기의 건도는 얼마인가?

풀이 증기표에서 350℃의 포화액 및 건포화증기의 비체적은

$v' = 0.0017468m^3/kg,\ v'' = 0.008811m^3/kg$이므로

용기 내의 증기의 비체적은 $v = \dfrac{V}{G} = \dfrac{0.5}{60} = 0.00833m^3/kg$가 되며, 건도는 다음과 같다.

$$\chi = \frac{v - v'}{v'' - v'} = \frac{0.00833 - 0.0017468}{0.008811 - 0.0017468} = 0.93 = 93\%$$

예제 압력 1.4MPa, 건도 0.8인 습증기 $5m^3$의 중량을 구하시오.

풀이 압력 14ata에 대하여 포화액 및 건포화증기의 비체적은 증기표에서

$v' = 0.0011476m^3/kg,\ v'' = 0.1436m^3/kg$이므로 습증기의 비체적은

$v' = v' + \chi(v'' - v') = 0.0011476 + 0.8(0.1436 - 0.0011476) = 0.1170m^3/kg$이고,

증기의 중량은 다음과 같다.

$$G = \frac{V}{v} = \frac{5}{0.1170} = 42.74kg$$

예제 보일러의 게이지압력이 1.05MPa이고 대기압이 758mmHg일 때의 증기온도를 구하시오.

풀이 절대압력은

$P_{abs} = 10.5 + 1.0332 \times \dfrac{758}{760} = 11.53kg/cm^2$이므로, 증기표(또는 증기선도)에서

$P' = 11kg/cm^2$일 때 183.20℃, $P' = 12kg/cm^2$일 때 187.08℃이므로, 비례 배분의 법칙에 따라 다음과 같이 계산하면 된다.

$$t = 183.20 + (187.08 - 183.20)\frac{53}{100} = 185.26℃$$

예제 풍량이 $800\,m^3/h$인 공기를 건구온도 33℃, 습구온도 27℃($i_1 = 20.3kcal/kg$)의 상태에서, 건구온도 16℃, 상대습도 90%($i_2 = 10.0kcal/kg$)상태까지 냉각할 경우 필요한 냉각 열량은 얼마인가?(단, 건공기의 비체적은 $0.83m^3/kg$이다)

풀이 $Q = G(i_1 - i_2) = \dfrac{V}{v(i_1 - i_2)} = \dfrac{800}{0.83(20.3 - 10)} = 9930kcal/h$

예제 산소 5kg을 30℃에서 100ℓ 용기에 충전할 때 압력(MPa)은 얼마가 되겠는가?

풀이 1mol의 경우 기체상수

$$R=\frac{1.033kg/cm_{abs}^2 \times 10^4 \times 22.4m^3}{1kmol \times 273K}=848kg \cdot m/kmol \cdot K$$

$$P=\frac{GRT}{V}=\frac{5 \times (848/32) \times 303}{0.1}=401,500kg/m_{abs}^2=40.15kg/cm_{abs}^2=4.015MPa_{abs}$$

5-2 증기의 교축

교축(throttling, 絞縮)은 유체 통로의 일부에 밸브, 콕 또는 가느다란 구멍이 뚫린 판 등을 부착하여 흐름의 단면적을 좁히면, 이미 존재하는 압력차에 의해 유속이 강제적으로 증가되고, 이로 인해 분자 간 거리가 멀어져 압력이 강하하는 현상을 말한다.

응축기의 고온 · 고압의 액냉매가 팽창면을 통과할 때 교축 작용을 함으로써 저온 · 저압의 액냉매로 변하게 되는데 이때 엔탈피의 변화는 없다.

교축팽창(throttle expansion)은 팽창 밸브를 통하여 냉매가 교축작용을 한 후 팽창되면서 압력 강하의 변화를 일으키는 현상이다. 즉, 관내의 유체가 갑자기 좁아진 통로를 통과할 때 외부에 대해 열량이나 일량의 교환 없이도 압력이 감소되어 팽창하는 현상을 말한다. 냉동기의 팽창 밸브와 차압, 유량계의 오리피스 등은 이 현상을 이용한 것이다.

유체가 유동 중에 교축되면 유체의 마찰과 와류의 증가로 압력 손실이 발생하여 압력이 감소한다.

액체의 경우는 교축되어 압력이 내려가 액체의 포화압력보다 낮아지면 액체의 일부가 증발하고(플래시 가스 발생), 증발에 필요한 열을 액체 자신으로부터 흡수하므로 액체의 온도는 감소하게 된다.

제6장 열전달

물체 사이에 온도 차가 있으면 온도가 높은 쪽에서 낮은 쪽으로 열의 이동이 발생되는데, 이러한 열 흐름을 **열이동** 또는 **전열(傳熱)**이라 하고, 일반적으로 물체들 사이의 열전도·대류·열복사 등 3가지 열이동 과정을 총칭하여 **열전달**(Heat transfer, **熱傳達**)이라 하며, kJ/h나 kcal/h의 단위를 사용한다.

300℃ 이하에서는 주로 전도와 대류에 의해 열이 이동하고 복사는 거의 일어나지 않는다. 고체는 물질 입자가 움직이지 않고 열에너지만 전달하지만, 액체에서는 물질이 직접 이동하여 열을 전달한다.

① 열이 직접 이동하는 방법 : 복사(radiation, 輻射)

② 분자가 열을 업고 직접 이동하는 방법 : 대류(convection, 對流)

③ 분자가 열을 간접 이동하는 방법 : 전도(conduction, 傳導)

④ 열이동 방법의 빠르기 순서 : 복사 〉 전도 〉 대류

⑤ 일기 현상 또는 실내 냉난방과 가장 밀접한 관련이 있는 방법 : 대류

⑥ 주방기구(플라이팬, 냄비, 솥 등)들을 보면 손잡이가 고무나 플라스틱을 사용하는 원리 : 전도

⑦ 겨울철 전기히터로 따뜻하게 하는 원리 : 복사

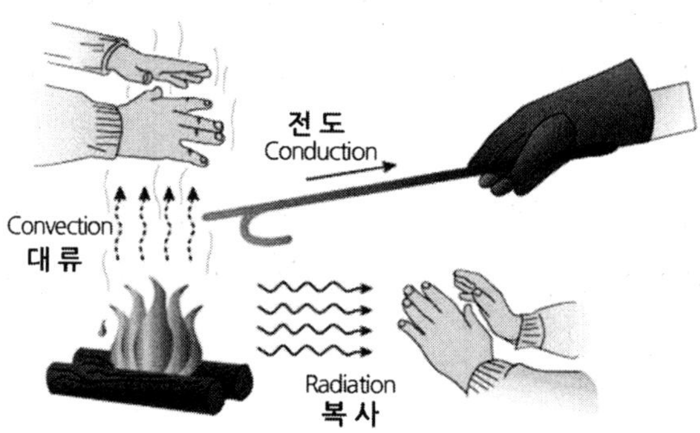

그림 2-40 열전달의 의의

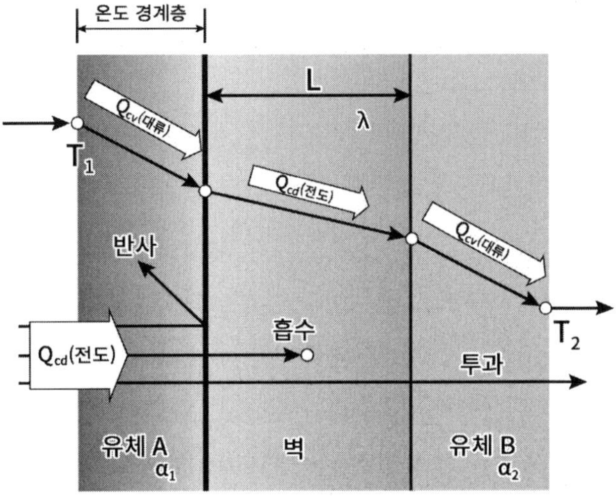

그림 2-41 열전달 과정

6-1 열전도(Heat conduction, 熱傳導)

전도란 물질의 개개 분자가 가지고 있는 운동에너지가 차차 인접한 분자로 전달되는 현상 즉, 열이 고체 물질을 통해서 전달되는 것이다. 다시 말하면, 열에너지가 물질의 이동을 수반하지 않고 고온부에서 저온부로 연속적으로 전달되는 현상으로 주로 고체 내부에서 일어나며, 물질의 종류에 따라 전도되는 속도가 크게 다르므로 이를 열전도도로 표시하여 나타낸다.

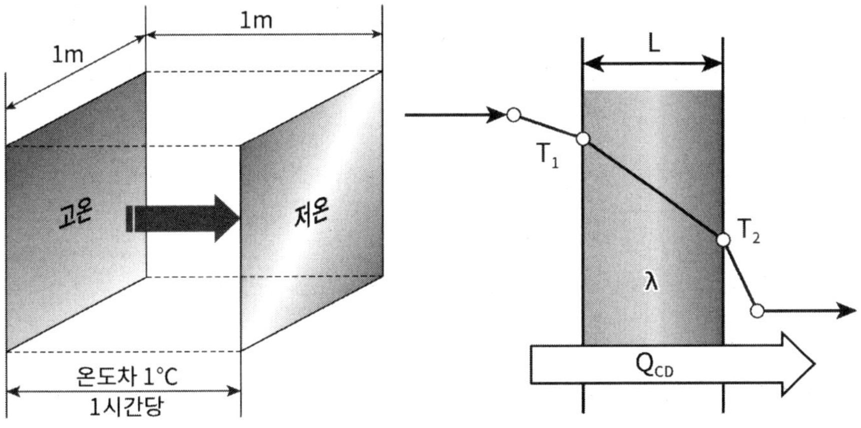

그림 2-42 전도 열전달

그림과 같은 물체의 경우 온도차에 의하여 생기는 전열량은 그 물체의 열전도계수와 온도차 및 접촉된 단면적에 비례하고, 벽의 두께에 반비례하며, 이것을 식으로 나타내면 다음과 같다.

$$Q_{CD} = \lambda A \frac{(T_1 - T_2)}{L}$$

Q_{CD} : 물체를 통하여 이동하는 열량(kJ/h)

λ : 열전도계수($kJ/m \cdot K$)

A : 접촉 단면적(m^2)

T_1 : 고온면의 온도(K)

T_2 : 저온면의 온도(K)

L : 물체의 거리 또는 두께(m)

물질의 이동 없이 물질 내를 열이나 전기가 이동하는 현상 중 이동의 대상에 따라 열전도·전기 전도 등이라고 한다.

6-2 대류열전달(Convection heat transfer, 對流熱傳達)

액체와 기체를 가열하면, 가열된 물질은 가벼워져 위로 올라가고, 차가운 물질은 아래로 내려오면서 전체의 온도가 올라가는데, 이와 같이 물질이 직접 이동하면서 열이 이동하는 것을 **대류**라고 한다.

기체나 액체와 같이 유동성이 있는 유체 내에서 일어나는 열전달 방법으로 온도 차에 의해서 생겨난 유체의 흐름에 의해서 열이 전달되는 것이다. 대류는 자연계에서 흔히 일어나는 열전달 방법일 뿐 아니라 건물의 냉난방이나 자동차 엔진의 냉각장치, 몸의 체온조절 등에도 이용된다.

고체 표면적을 통해 유체에서 고체 벽면으로 전해지는 단위 시간당 대류전열량은 다음과 같다.

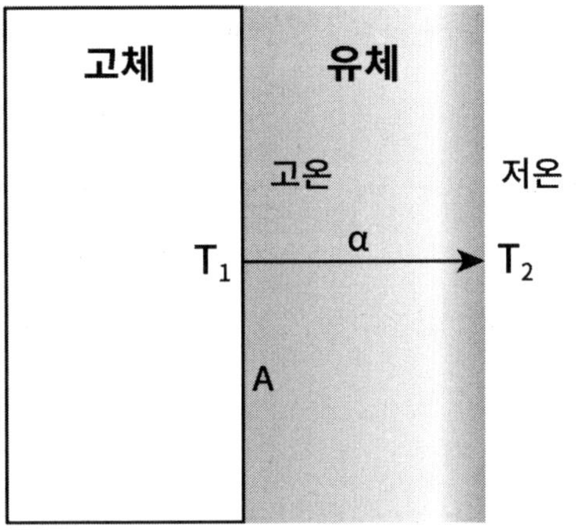

그림 2-43 대류열전달

$Q_{CV} = \alpha A(T_1 - T_2)$

A : 대류열전달이 발생하는 면적(m^2)

T_1 : 물체의 표면 온도(T_1)

T_2 : 고체 벽면과 충분히 떨어진 곳에서 유체온도(T_2)

α : 열전달률 혹은 대류열전달계수($kcal/m^2 \cdot h \cdot ℃$)

이 계수는 단위시간에 단위 온도 차의 단위 면적에서 이루어지는 열전달량, 즉 대류현상에 의해 고체 표면에서 유체에 열을 전달하는 크기를 나타내는 계수로 단위는 $kJ/m^2 \cdot h \cdot ℃$, $W/m^2 \cdot K$ 로 나타내며, 물체의 특성이 아니고 유체의 물리적 상태 및 성질, 그리고 열전달 표면 및 구조에 따라 달라진다.

대류가 일어나는 원인은 유체의 온도 차에 의해서 밀도차가 생기며, 밀도 차에 의해 유체가 자연스럽게 혼합하여 열이 이동하는 자연대류 열전달과 펌프 등 외부에서 기계적으로 가해준 힘에 의해서 혼합되는 강제대류 열전달의 두 가지가 있다. 일반적으로 대류에 의한 열이동은 전도에 의한 열이동보다도 훨씬 빠르고 또한, 자연대류에 의한 것보다도 강제대류 쪽이 열전달 속도가 빠르다.

냉장고의 얼음은 높은 곳에 두고, 난방기구는 낮은 곳에 두는 것은 이 대류 효과를 이용한 것이다. 난류(暖流) · 육풍(陸風) · 해풍(海風) 등 대기의 대류 현상은 기상 상태를 결정하는 중요한 요인의 하나이며, 가열되는 구역이 유체의 윗부분에 있으면 대류는 일어나지 않는다.

6-3 열관류(Overall heat transmission, 熱貫流)

열이 한 유체에서 벽이나 유리창 등과 같은 고체 물체를 통과하여 다른 유체로 전달되는 현상을 **열관류** 또는 **열통과**라 한다. 즉, 고체벽 양쪽의 기체나 액체의 온도가 다를 때, 고체 벽을 통해서 고온 측에서 저온 측으로 열이 흐르는 현상을 말하는데, 열관류시험을 통해 건축물의 열에너지 손실 방지 성능을 판단할 수 있고, 건축 단열부재 및 벽, 창, 문 등의 단열 성능을 측정할 수 있다.

열관류의 이동 과정은 고온 유체에서 대류전열에 의해 고체 벽면으로 열이 전달되고, 고체 내부에서는 열전도가 이루어지며, 저온 측 고체 벽에서는 저온 유체와 대류열전달이 이루어진다. 열관류에 의한 관류열량의 계수를 **열관류율**이라고 하는데, 고체 벽의 양쪽 유체가 단위 온도 차일 때, 단위 시간에 단위 표면적을 지나 한쪽 유체에서 다른 쪽 유체로 흐르는 열량을 나타낸다. 기호는 K를 사용하며, 단위는 $W/m^2 \cdot K$, $kcal/m^2 \cdot h \cdot ℃$ 이다. 한편, 열관류율의 역수를 **열관류저항** R이라고 한다.

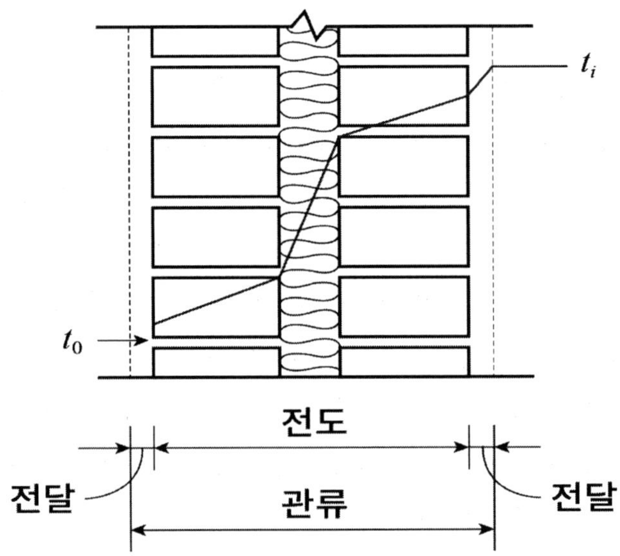

그림 2-44 열통과

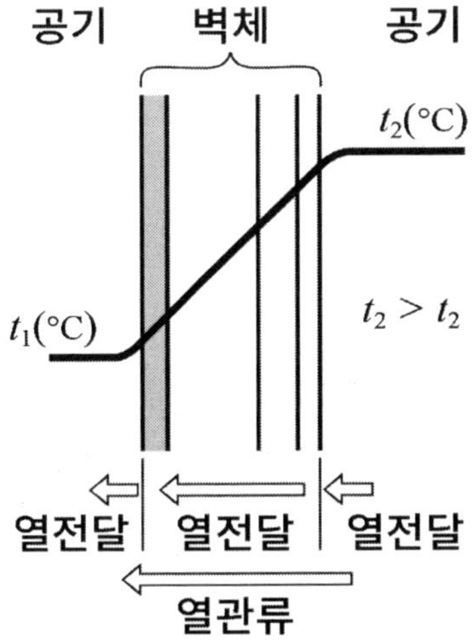

그림과 같이 서로 다른 온도의 공기에 접하고 있는 벽을 통과하는 열량은 다음 식으로 계산한다.

$$Q = KA\Delta T = KA(T_1 - T_2) = \frac{A(T_1 - T_2)}{R}$$

여기서 K는 **열관류율**, **열통과계수**, **총괄열전달계수**라 하고, R은 열저항으로서 다음과 같이 계산한다.

$$K = \frac{1}{\frac{1}{\alpha_1} + \Sigma\frac{L}{\lambda} + \frac{1}{\alpha_2}}$$

Q : 전열량($kcal/h$)

A : 벽의 전열면적(m^2)

ΔT : 벽 양쪽 유체의 온도 차(℃)

α_1 : 외측 벽면의 표면열전달계수($kcal/m^2 \cdot h \cdot$℃)

α_2 : 내측 벽면의 표면열전달계수($kcal/m^2 \cdot h \cdot$℃)

λ : 벽 부재 각각의 열전도계수($kcal/m \cdot h \cdot$℃)

L : 벽 부재 각각의 두께(m)

$$R = \frac{1}{K} = \frac{1}{\alpha_1} + \Sigma\frac{L}{\lambda} + \frac{1}{\alpha_2}$$

그리고 원형관에서의 열통과는 원형관 내부의 온도 T_1에서 외부 온도 T_2로의 열전달량은 다음과 같다.

$$Q = \frac{2\pi L(T_1 - T_2)}{\frac{1}{\alpha_1 r_1} + \ln\frac{(r_2/r_1)}{\lambda_A} + \ln\frac{(r_3/r_2)}{\lambda_B} + \ln\frac{(r_4/r_3)}{\lambda_C} + \frac{1}{\alpha_2 r_2}}$$

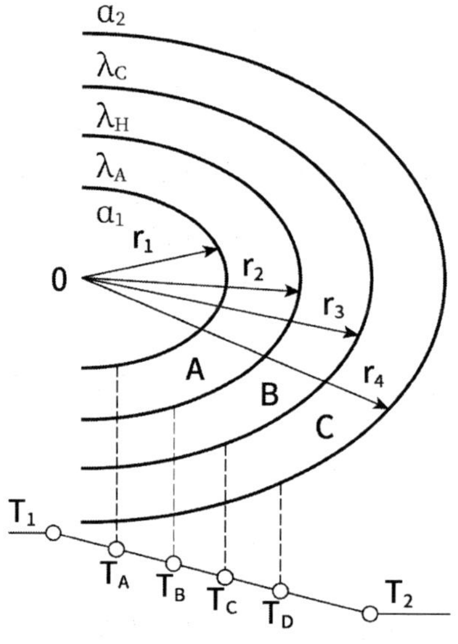

그림 2-45 원관에서의 열통과

6-4 열복사(Thermal radiation, 熱輻射)

복사란 물질의 이동을 동반하지 않고 전파되는 에너지이며, 어느 물체가 열의 복사에너지를 받으면 전도나 대류의 방법에 의존하지 않고 고온의 물체에서 저온의 물체로 열이 직접 이동하는 현상으로 복사된 에너지가 물체에 도달하게 되면 그림에서와 같이 일부는 표면에서 반사되고, 일부는 흡수되고 나머지는 투과된다. 다시 말하면 열에너지가 열원과 직접 접촉하거나 중간 매개체 없이 적외선이나 가시광선 등의 전자파인 열선의 형태로 전달되어 다른 물체에 도달하게 되면 흡수되면서 열로 변하게 되는 전열 형식으로 전도 · 대류 · 복사 중에 전달 속도가 가장 빠르다.

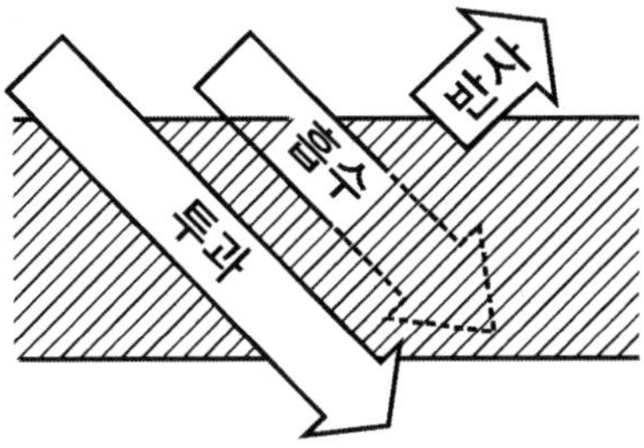

그림 2-46 방사 열전달

모든 물체가 복사열을 방출하거나 흡수하는데, 물체 표면이 검은색이면 복사열을 대부분 흡수하지만, 흰색일 경우에는 복사열을 대부분 반사한다. 또한, 거울과 같이 표면이 매끄러운 물체일수록 복사열을 잘 반사하고, 흙과 같이 표면이 거친 물체일수록 잘 흡수한다.

예를 들면 구리에서는 59%, 은에서는 95% 정도이고, 표면을 검게 한 물체에서는 물체의 흡수율이 커서 반사율이 작으며, 검댕 같은 것은 95%를 흡수하고 나머지 5%만 반사한다. 순수한 눈(snow)이나 마그네슘판은 93~97%, 백색 회벽은 90%, 흰색 광택 페인트는 75~88%, 알루미늄판은 85%, 흰옷은 30~60%, 백색 피부는 30~40%, 시멘트는 20~30%, 갈색피부는 20%, 벽돌은 10~15%, 검은 종이는 5~10%, 검은 페인트는 1~5%, 검은 벨벳은 1% 정도의 반사율을 갖는다.

반사율(reflectivity)을 R, 흡수율(absorptivity)을 α, 투과율(transmissivity)을 T라 하면 다음과 같이 정리된다.

$R + A + T = 1$

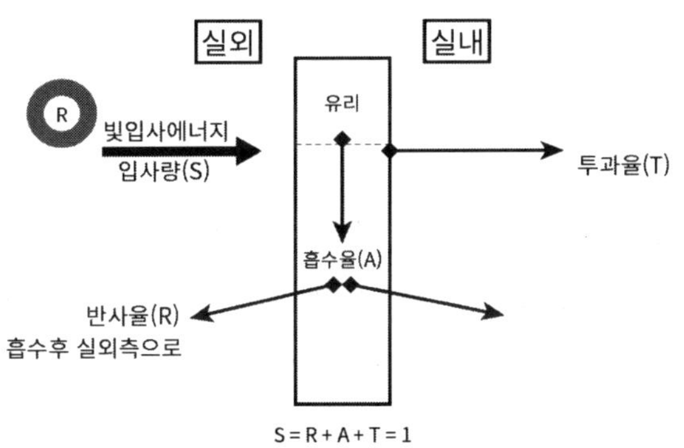

그림 2-47 복사에너지

물체의 표면에 도달하는 열복사선을 모두 흡수하는 성질을 가지는 물체를 **완전흑체**($\alpha=1$)라 한다. 실제로 완전흑체란 존재하지 않으며, $R+\alpha=1$의 성질을 가지는 물체를 회색체라고 한다. 지구는 태양으로부터 햇빛에 수직인 $1cm^2$의 면에 대하여 1분간에 약 2cal의 태양복사에너지를 받는다.

고온의 물체는 표면에서 주로 방사선을 발산하며, 열방사선은 공간을 뛰어넘어 저온의 물질에 도달하여 흡수되어 열에너지로 변환되는데, 이와 같이 열방사선의 형으로 수송되는 에너지를 **열방사에너지**(thermal radiant energy)라고 한다. 완전흑체의 복사에너지는 슈테판—볼츠만의 법칙(Stefan-Boltzmann's law)에 따라 다음 식으로 표시된다. 복사에너지를 Q라 하고, 물체의 온도가 T이며, 주위의 온도가 T_o라면 열복사로 인하여 얻거나 잃는 단위 시간당의 에너지는 다음과 같다.

$$Q_b = C_b\left(\frac{T}{100}\right)^4$$

$$Q = \varepsilon Q_b$$

Q_b : 완전흑체로부터의 복사에너지($kcal/m^2 \cdot h$)

C_b : 완전흑체의 복사계수($\fallingdotseq 4.88\ kcal/m^2 \cdot h \cdot K^4$)

열복사가 이루어지는 2개의 면 A_1, A_2가 있고, 이들 사이에 주고받는 복사의 열량은 다음 식으로 구한다.

$$Q = 4.88\ \varepsilon\left\{\left(\frac{T}{100}\right)^4 - \left(\frac{T_o}{100}\right)^4\right\}$$

Q : 복사에 의한 전열량($kcal/m^2 \cdot h$)

ε : 복사율

물체의 온도가 주위보다 높으면 방출하는 에너지가 흡수하는 에너지보다 많아서 냉각되고, 물체의 온도가 주위보다 낮으면 가열된다. 이렇게 하여 물체는 같은 비율로 에너지를 방출하거나 흡수하는 열평형 상태에 도달하여 일정한 온도를 유지하게 된다.

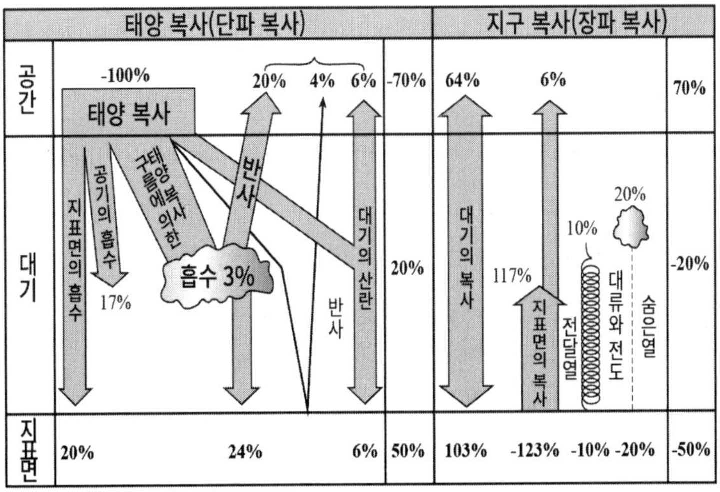

그림 2-48 태양의 복사량

고온 물체에서는 온도에 따라 보이지 않는 빛과 비슷한 성질의 열선이 있는데, 이 열선을 방사한 물체는 온도가 내려가고, 흡수한 물체는 온도가 상승하게 된다. 또한, 복사에너지는 광속으로 전달되며, 진공을 통과할 때 에너지가 감소되지 않는데 이러한 현상으로 인해 태양에너지가 거의 진공 상태인 우주 공간을 거쳐 지구에 도달하게 된다.

복사 현상은 매질과 관계없이 발생하므로 진공 속에서도 발생하므로 복사에 의한 열의 이동을 막기 위해서는 물체의 표면에서 전자기파의 흡수 및 방출을 차단해야 한다. 보온병의 내부 진공 층의 표면을 은색으로 칠하는 것도 은색에서 전자기파의 흡수보다 반사가 많아 복사에 의한 열전달을 줄일 수 있기 때문이다.

6-5 대수 평균온도차(LMTD, 對數平均溫度差)

냉동기나 난방기 등의 열교환기(응축기 · 증발기 · 냉각탑 등)의 열교환 열량을 구할 때 사용되는 장치 안의 두 유체의 온도는 각각 전역에 걸쳐 균일하게 되지 않고 변화한다. 이때 양 유체 간의 온도차는 평균치를 채택하여 설계 계산 등에 이용되는데 이 값을 평균온도차라 한다. 열 계산은 산술적이 아닌 대수적인 계산을 하는 것이 더 정확한 값이 나온다.

증발기나 응축기 등의 열교환기에서는 산술 평균온도차와 대수 평균온도차가 있는데, 일반적으로 대수 평균온도차(Logarithmic Mean Temperature Difference)를 사용한다.

냉수형 코일에 있어서 냉수의 출구 헤더 측으로부터 공기가 유입하여 공기의 통과 방향과 물의 통과 방향이 역으로 된 것을 **역류**(counter flow) 또는 **대향류(向流)**라 하고, 쌍방의 통과 방향이 같은 것을 **평행류**(parallel flow) 또는 **병류(竝流)**라 한다. 역류와 병류는 물과 공기와의 온도차에 의하여 공기로부터 물로 열이 이동함으로써 공기가 냉각하지만, 이 공기와 물의 온도는 코일 전체에 걸쳐서 일정하지 않다.

따라서 이러한 경우에는 물과 공기와의 온도차는 다음과 같은 식으로 표시되는 대수 평균온도차를 사용한다.

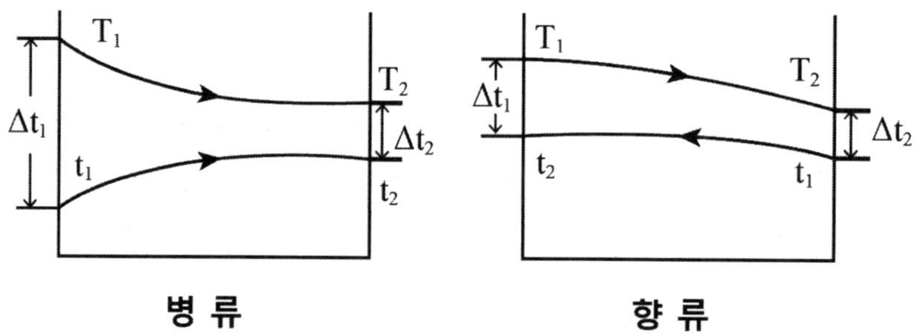

그림 2-49 대수 평균온도차

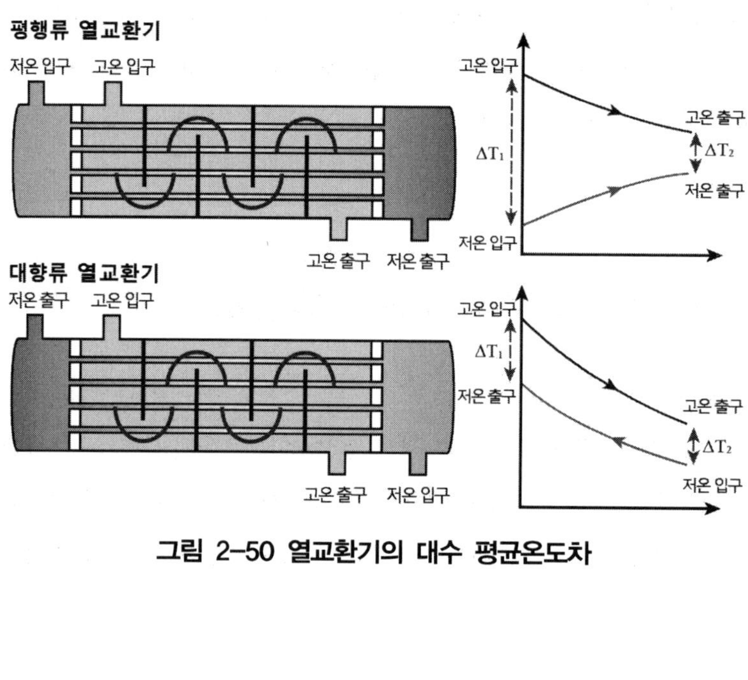

그림 2-50 열교환기의 대수 평균온도차

대수 평균온도차, $LMTD = \dfrac{\Delta t_1 - \Delta t_2}{\ln \dfrac{\Delta t_1}{\Delta t_2}} = \dfrac{\Delta t_1 - \Delta t_2}{2.303 \log \dfrac{\Delta t_1}{\Delta t_2}}$

Δt_1 = 공기 입구 측에서 공기와 물의 온도차(℃)

Δt_2 = 공기 출구 측에서의 공기와 물의 온도차(℃)

역류일 때 : $\Delta t_1 = t_{1i} - t_{o2}$, $\Delta t_2 = t_{2i} - t_{o1}$

병류일 때 : $\Delta t_1 = t_{i1} - t_{o1}$, $\Delta t_2 = t_{i2} - t_{o2}$

t_1 : 코일 입구 공기온도(℃)

t_2 : 코일 출구 공기온도(℃)

열통과율을 일정하게 한 경우, 향류 또는 병류형의 열교환기에서는 고온 쪽과 저온 쪽과의 온도차가 유로에 따라 지수 함수적으로 되어 열교환량은 다음과 같다.

$Q = KA\Delta t_m = KA(t_2 - t_1)$ ⇨ 산술평균열량

$Q = KA \cdot LMTD$ ⇨ 대수평균열량

$= KA \dfrac{\Delta t_1 - \Delta t_2}{\ln \dfrac{\Delta t_1}{\Delta t_2}}$

K : 열통과율($kcal/m^2 \cdot h \cdot$℃)

A : 전열면적(m^2)

t_m : 평균온도차(℃)

예제 냉각수와 기름이 대향류로 된 유냉각기(油冷却器)에서 다음의 양들이 주어진다고 할 때, 물의 출구 온도 및 필요로 하는 냉각 면적을 구하시오.
단, 전열벽의 열관류율은 $60 kcal/m^2 h$℃ 이고, 냉각면 이외에 손실은 없다고 한다.

구 분	유 량(kg/h)	입구온도(℃)	출구온도(℃)	비열(kcal/kg℃)
기 름	$G_o = 100$	$t_{o1} = 70$	$t_{o2} = 70$	$C_o = 0.5$
물	$G_w = 200$	$t_{w1} = 20$	$t_{w2} = ?$	$C_w = 1$

풀이 기름이 버린 열량과 물이 얻은 열량은 같으며, 각각 Q_o, Q_w라 하면,

$Q_o = G_oC_o(t_{o1} - t_{o2}) = 100 \times 0.5 \times (70-30) = 2{,}000\ kcal/h$

$Q_w = G_wC_w(t_{w2} - t_{w1}) = 200 \times 1 \times (t_{w2} - 20)$

$Q_o = Q_w$ 이므로, $\therefore t_{w2} = 30℃$ 가 된다.

$$Q = KA \cdot LMTD = KA\frac{\Delta t_1 - \Delta t_2}{\ln\frac{\Delta t_1}{\Delta t_2}} \Rightarrow 60 \times A\frac{(70-30)-(30-20)}{\ln\frac{70-30}{30-20}} = 2{,}000$$

$\therefore\ A ≒ 1.54\ m^2$

예제 이 중 열교환기에서 1,000kg, 110℃의 뜨거운 기름이 관 속으로 들어가서 100℃로 되어 나가고, 20℃의 냉각수는 관 외부로 들어가서 70℃로 되어 나간다. 이때 총괄 전열계수는 $500kcal/m^2h℃$ 이며, 유체 흐름이 병류라면, 열전달 속도를 구하기 위한 대수 평균온도차는 얼마인가? 냉각 면적 이외의 열손실을 무시한다.

풀이 $Q_o = G_oC_o(t_{o1} - t_{o2}) = 1{,}000 \times 0.5 \times (110-20) = 45{,}000\ kcal/h$

$$Q = KA\frac{\Delta t_1 - \Delta t_2}{\ln\frac{\Delta t_1}{\Delta t_2}} \Rightarrow 500 \times A\frac{(110-20)-(100-70)}{\ln\frac{110-20}{100-70}} = 45{,}000\ kcal/h$$

$A = 1.65\ m^2$

$$\therefore\ LMTD = \frac{Q}{KA} = \frac{45{,}000}{500 \times 1.65} = 54.6℃$$

예제 어느 열교환기에서 고온 측 유체의 유량은 100kg/h, 비열은 1.0kcal/kg℃, 입구 온도는 95℃ 출구 온도는 55℃이었으며, 저온 측 유체는 유량이 200kg/h, 비열은 0.5kcal/kg℃, 입구 온도는 15℃로 측정되었을 때 저온 측 유체의 열교환기 출구 온도는 몇 도가 되겠는가?(단, 열교환기에 외부로부터 열출입은 전혀 없다.)

풀이 $Q_H = G_HC_H(t_{H1} - t_{H2})$ $\qquad$ $Q_L = G_LC_L(t_{L1} - t_{L2})$

$Q_H = Q_L$

$100 \times 1 \times (95-55) = 200 \times 0.5(t_{L1} - 15)$

$\therefore t_{L1} = 55℃$

제3편 유체역학

제1장 유체의 개념

1-1 유체의 정의

극히 작은 전단력(shearing force)이라도 작용하기만 하면 작용하는 동안 계속 변형하는 액체와 기체 상태의 물질로 정지 상태에서 전단력을 견디지 못하는 물질이다. **전단력(剪斷力)**은 선체를 각 부분으로 나누어 생각하면 각 부분의 부력과 중력은 반드시 같지 않고 선체 중력이 우세한 부분과 부력이 우세한 부분이 생기게 되는데, 이 두 부분이 접하는 곳에서는 끊어지려는 힘을 의미한다.

1. 상태에 의한 분류

기체 : 기체 상태로 존재하는 유체

액체 : 액체 상태로 존재하는 유체

2. 압력에 의한 분류

(1) 압축성 유체(compressible fluid, 壓縮性流體)

유체가 가압(加壓) 또는 감압(減壓)되어 그 밀도의 변화를 무시할 수 없는 상태가 된 유체 또는 압력에 의해 부피가 변화하는 유체이다.

① 기체는 압축성 유체이다.

② 수격 작용(水擊作用)을 받는 관 속 물의 흐름 또는 고속 기류

③ 충격파 음속(33m/s)보다 빠른 비행물체 주위의 공기 흐름(80m/s 이상)

(2) 비압축성 유체(incompressible fluid, 非壓縮性流體)

유체의 밀도가 온도 압력에 따라 변하지 않는 일정한 유체, 즉 압력을 받을 때 체적의 감소를 무시할 수 있는 유체로 물이나 오일은 실용상 비압축성 유체로 간주된다.

① 액체는 보통 비압축성 유체로 본다.

② 물속을 주행하는 잠수함 둘레의 기류

③ 달리는 물체 주위의 기류

④ 저속 운항 항공기 둘레의 기류

⑤ 물체(굴뚝, 건물 등) 둘레를 흐르는 기류

3. 점성에 의한 분류

(1) 점성유체(viscous fluid, 粘性流體)

유체 내에서 서로 접촉하는 두 층이 서로 떨어지지 않으려는 성질로, 끈끈함 혹은 유체나 기체의 흐름에 대한 내부저항을 점성이라고 하며, 유체 유동 시 마찰저항이 존재하는 유체로 현실 유체는 모두 점성 유체이다.

(2) 비점성유체(inviscid fluid, 非粘性流體)

점성이 없고 마찰저항이 존재하지 않는 유체 또는 유체의 점성 효과가 무시되거나 또는 나타나지 않는 유체이다. 운동 중 점선 변형력은 항상 0이며, 이상유체라고도 불린다.

4. 변형률에 의한 분류

(1) 뉴턴유체(Newtonian fluid)

전단응력과 전단 변형률이 비례하는 유체로 전단 속도의 크기와 관계없이 일정한 점도를 나타내는 유체로 물, 알코올 등의 저분자 액체, 액상유지, 이들의 혼합 액체, 저분자 물질의 용액 등 비교적 단순한 조성의 액체를 의미한다.

(2) 비뉴턴유체(non-Newtonial fluid)

전단응력과 전단 변형률이 비례하지 않는 유체로 온도에 따라 점성이 바뀌는 기름은 이에 해당된다.

1-2 유체의 점성

유체의 흐름에 대한 저항, 즉 액체의 끈끈한 성질이며, 운동하는 액체나 기체 내부에 나타나는 마찰력이므로 내부마찰이라고도 한다. 액체는 온도가 올라가면 점성은 약해지지만 기체는 온도가 올라가면 점성은 높아진다. 유체의 점성은 분자 응집력이 지배하고 기체의 점성은 운동량 수송이 지배한다. 즉, 기체 분자는 공간을 자유로이 운동하므로 분자 응집력을 무시할 수 있으며, 액체 분자는 분자서로가 응집된 상태에서 운동한다.

점성의 크기는 점성 계수로 나타내고, 단위는 "포아즈"라 하며, 점성계수를 밀도로 나눈 것을 동 점성계수라 하고, "스토크스"라는 단위를 사용한다.

1Stokes = $1cm^2/s$
1P(poise) = 1g/cm · s

$$\nu = \frac{\mu}{\rho}$$

ν : 동점성계수(m^2/s)
μ : 점성계수(kg/m · s)
ρ : 밀도(kg/m^3)

유체 흐름의 각 점에서 유체의 속도가 다른 경우, 유체의 점성으로 인한 전단응력(τ)은 속도 기울기(전단 속도)에 비례하고 속도 기울기를 작게 하는 방향으로 전단응력이 작용하는 것을 **뉴턴의 점성법칙**(Newton's law of viscosity)이라 한다.

두 평행한 평판 사이에 점성유체가 있을 때, 이동평판에 수평력을 가하여 일정 속도로 운동시키면, 힘 F는 이동 평판의 면적(A)과 이동평판의 속도(u)에 비례하고, 두 평판 사이의 수직 거리 y에 반비례한다.

$$\frac{F}{A} \propto \frac{u}{h} = \frac{du}{dy}$$

$$\therefore \ \tau = \mu \frac{du}{dy}$$

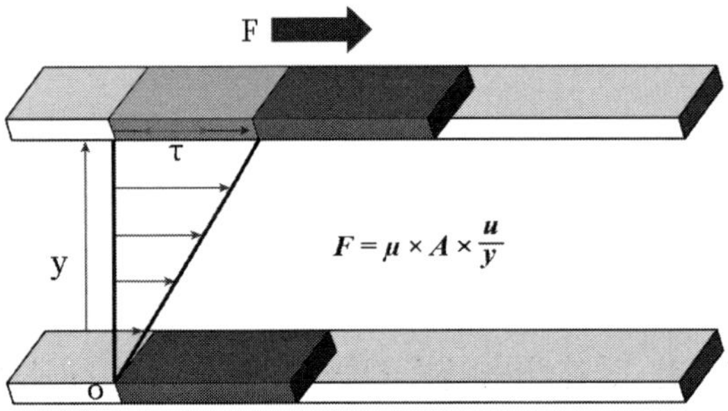

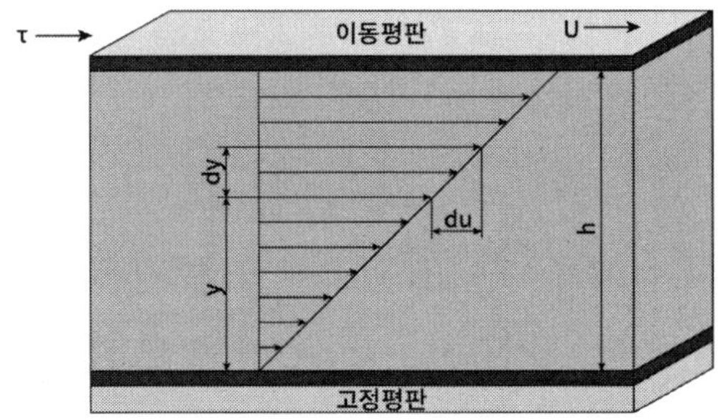

1-3 표면장력과 모세관 현상

1. 표면장력(Surface tension, 表面張力)

액체의 표면에는 분자의 응집력 때문에 항상 표면적이 작아지려는 장력이 발생한다. 이때 단위 길이당 발생하는 인장력을 **표면장력**이라 한다.

액면 부근의 분자가 액체 속의 분자보다 위치에너지가 크기 때문에 액체는 표면적에 비례하는 표면 에너지를 가지고, 이로 인해 표면장력이 생긴다. 액체 분자 간 인력의 균형이 액체의 표면 부근에서 깨지기 때문에 이곳에 있는 분자의 위치에너지는 액체 속의 분자보다 더 커지는데, 이로 인해 액체는 표면적에 비례하는 표면에너지를 가지게 되고, 이 에너지를 최소로 만들려는 작용이 바로 '표면장력'으로 나타나는 것이다. 표면장력은 단순히 액체의 자유 표면뿐만 아니라 섞이지 않는 액체의 경계면, 고체와 기체, 고체와 고체의 접촉면 등 표면의 변화에 대한 에너지가 존재할 때 보편적으로 생기는 현상으로 **계면장력(界面張力)**이라고도 한다.

비눗방울이나 액체 속의 기포 물방울 등이 둥근 모양이 되는 것은 이 힘이 액면에 작용하기 때문이며, 용기의 가장자리에 액체가 넘쳐 올라간 모양이 되어 쏟아지지 않는 것도 액체 표면에 장력이 작용하기 때문이다. 수면에 떨어뜨린 기름방울이 금방 퍼지는 것은 물의 표면장력이 기름의 표면장력보다 커서 기름층이 물의 표면장력에 의해 잡아 늘여지기 때문이다.

토란(혹은 연꽃) 잎 표면에 내린 비는 마치 유리구슬 같은 물방울이 되어 굴러다니고, 소금쟁이가 수면 위를 여유롭게 걸어 다닐 수 있는 것도 물의 표면장력으로 인한 것이다. 물의 표면장력에 의한 반발력과 물속에서 뿜어져 나오는 공기 방울의 힘으로 도마뱀은 물 위를 힘차게 뛰어다닐 수 있다. 표면장력은 물이 서로 응집하는 성질이 동전 테두리 또는 바늘 테두리, 바늘의 표면에 응집되면서 부력을 높여 주기 때문에 뜰 수 있다.

(1) 구형(球型, 속이 찬 액체 방울)에 발생하는 표면장력

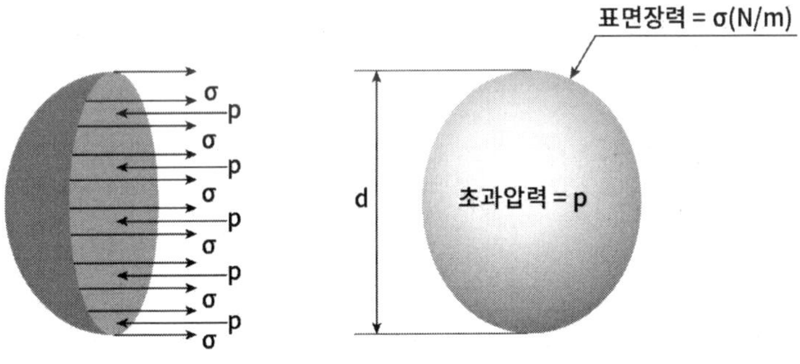

$$\sigma \pi d = \triangle p \frac{\pi d^2}{4} \qquad \therefore\ \sigma = \frac{\triangle p\, d}{4}$$

σ : 표면장력(N/m)

$\triangle p$: 내외부 압력차(Pa)

d : 구의 지름(m)

(2) 원주상(薄膜)의 분류에 발생하는 표면장력

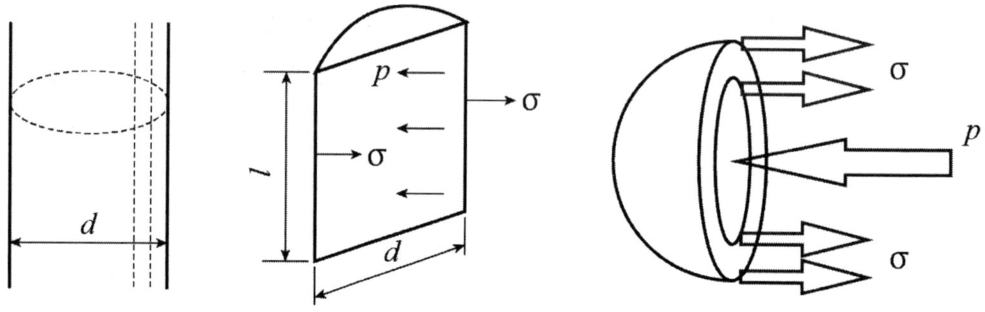

$$\sigma \pi d \times 2 = \triangle p \frac{\pi d^2}{4} \qquad \therefore \ \sigma = \frac{\triangle p\, d}{8}$$

σ : 표면장력(N/m)

$\triangle p$: 유체 압력차(Pa)

d : 원통의 지름(m)

응집력(cohesive force, **凝集力**)은 같은 물질의 분자들 사이에 작용하는 힘으로 액체 또는 고체에서 그 물질을 구성하고 있는 원자 · 분자 또는 이온 간에 작용하고 있는 인력(引力)이다.

부착력(adhesion, **附着力**)은 서로 다른 종류의 물질을 이루는 분자 사이에 작용하는 힘으로서 철근-콘크리트의 경우 시멘트가 많이 들어간 부착력이 크고, 콘크리트의 강도가 커질수록 철근과의 부착력은 커지게 되며, 어느 정도 녹슨 철근이 부착력이 좋다.

표면장력이 가장 작은 물질은 액체 헬륨으로, 대표적인 초유동체이며, 물은 의외로 굉장히 표면장력이 높은 편인데, 이것은 물이 분자 간 수소 결합을 하기 때문이다.

표면장력에 영향을 주는 요인은 온도(높을수록 약간 감소), 액체의 점성(클수록 작아짐), 계면활성제(표면장력을 작게 함)이다.

예제 지름 50mm인 물방울의 내부 초과 압력이 120Pa일 때 표면장력은 몇 N/m인가?

풀이 $\sigma = \frac{p\,d}{4} = \frac{120 \times 0.05}{4} = 1.5\ N/m$

예제 지름 40mm인 비눗방울의 표면장력이 3N/m일 때 내부초과압력은 몇 Pa인가?

풀이 $p=\dfrac{8\sigma}{d}=\dfrac{8\times 3}{0.04}=600\,Pa$

2. 모세관 현상(Capillary phenomenon, 毛細管現象)

액체 속에 폭이 좁고 긴 관을 넣었을 때, 액체의 응집력과 관과 액체 사이의 부착력에 의하여 관 내부의 액체 표면이 외부의 표면보다 높거나 낮아지는 현상이다.

수은과 물에 유리관을 넣었을 때, 수은은 관과의 부착력보다 응집력이 더 강하기 때문에 액면이 볼록해지는 반면, 물은 응집력보다 부착력이 더 강하기 때문에 액면이 오목해진다.

그림과 같이 유리관으로 된 모세관을 물속에 넣으면 물의 응집력에 비하여 부착력이 크기 때문에 물기둥은 상승한다.

물수건이나 종이에 물이 스며드는 것도 물수건과 종이에 있는 미세한 틈이 모세관 역할을 하기 때문이다. 또한, 키 큰 나무에 물이 올라가는 데에도 물의 응집력과 물관과 물의 부착력이 큰 역할을 하며, 알코올램프의 심지를 통해 연료가 빨려 올라오는 것 등은 모세관 현상의 대표적인 예이다.

이때 표면장력에 의한 수직분력과 액주의 자중은 평형을 이루고 있다.

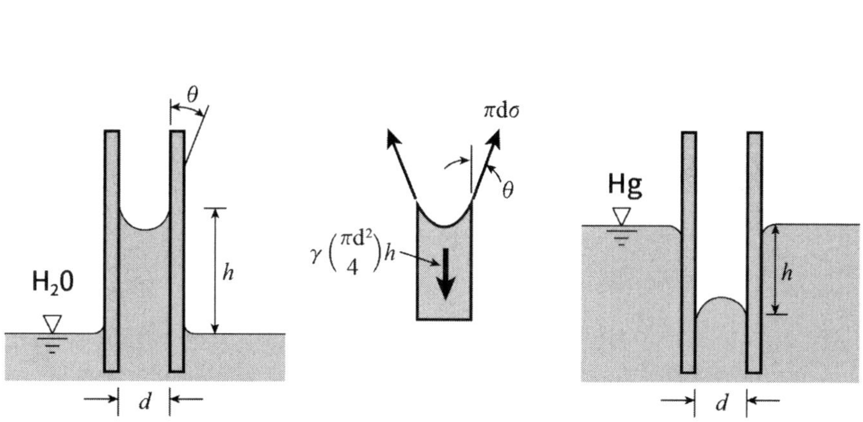

$$\sigma\pi d cos\theta = \gamma h\frac{\pi d^2}{4} \qquad \therefore\ h = \frac{4\sigma\cos\theta}{\gamma d}$$

γ : 유체의 비중량(N/m^3)

σ : 표면장력(N/m)

θ : 접촉각$(^\circ)$

h : 모세관 내 유체의 상승 높이(m)

d : 모세관 안지름(m)

예제 표면장력이 $9.5\text{x}10^{-2}$ N/m이고, 접촉각이 60°이며, 지름 20mm인 물 모세관의 최대 상승 높이는 얼마인가?

풀이 $h = \frac{4\sigma\cos\theta}{\gamma d} = \frac{4\times 9.5\times 0.5}{9{,}800\times 10^{-2}\times 0.02} = 0.097m = 97mm$

제2장 유체 정역학

2-1 압력(Pressure, 壓力)

두 물체의 접속면(接續面) 또는 한 물체(物體) 속의 어느 단면(斷面)을 생각할 때 그 면을 경계(境界)로 양쪽 부분이 수직(垂直)으로 누르는 힘으로 이 힘이 면에 수직이 아닐 때는 그것을 면에 수직인 성분과 평행인 성분으로 나누어 수직 성분이 서로 미는 힘일 때를 **압력**, 서로 당길 때는 **장력**(tension, 張力)이라 한다.

압력은 넓이를 가진 면에 고루 작용하는 것이므로 전체 힘의 크기(全壓力)가 같더라도 그것을 받는 면적의 크고 작음에 따라 면의 각 점이 느끼는 압력의 세기는 다르다. 따라서 크기가 F인 힘이 면적 A에 일정하게 미치고 있을 때 그 압력의 세기는 $P=\frac{F}{A}$로 정의한다.

CGS 단위계로는 $dyne/cm^2$, MKS 단위계로는 Pa(N/m^2)이 쓰이는데, 기상학에서는 *hPa*(헥토파스칼) · *mbar*(밀리바)가 사용되며, 공업상으로는 *atm* 또는 kg/cm^2이 주로 쓰인다. 액주(液柱)가 밑면에 미치는 압력은 액체의 밀도와 액주의 높이의 곱이 되므로, 액체를 지정(수은 · 물 · 알코올 등)해서 액주의 높이로 압력의 크기를 나타내는 *mAq*(수주미터) · *mmHg*(수은주밀리미터)의 단위로 표시하기도 한다.

☞ **파스칼의 원리**(Pascal's principle)

밀폐된 용기 속에 있는 유체(액체나 기체)의 일부에 압력을 가하면 그 압력은 유체 내의 모든 부분에 같은 크기로 전달된다는 원리로 유(수)압기, 공기제동기, 증기해머, 압축공기해머 등에 응용된다.

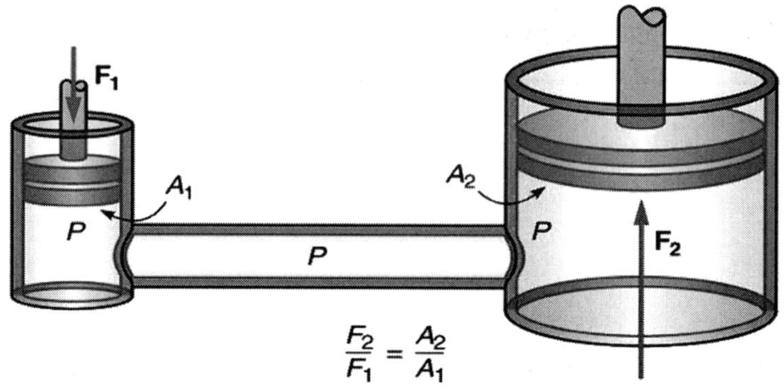

$$p = \frac{F_1}{A_1} = \frac{F_2}{A_2}$$

1. 대기압(Atmospheric pressure, 大氣壓)

지구의 대기를 구성하는 공기가 중력에 의해 생기는 압력으로 해수면을 기준으로 측정하는데 이것을 1기압이라 하며, 이것은 $1cm^2$의 면적을 10m 높이의 물기둥이 누르고 있는 압력과 같다. 대기압은 지표상의 위치와 고도 또는 기상 상태에 따라 변하는 국소대기압과 해면에서의 국소대기압의 평균값인 표준대기압이 있다.

표준기압은 0℃에서 760*mm* 높이의 수은주를 지탱할 수 있는 압력으로 온도 0℃의 중력 가속도가 $980cm/s^2$인 곳에서 수은주가 높이 760*mm*를 나타내는 압력이다. 공학기압(工學氣壓, *at*) 1*at*는 $1cm^2$당 1*kgf*의 힘이 작용하는 것과 같으며, 이 수치는 98*kPa*과 같고, 또한 0.97*atm*과 같다.

$1atm = 760mmHg = 101.325kPa = 1.0332kg/cm^2 = 1013.25mbar = 14.7psi$

$= 1013.25hPa = 10.332mH_2O = 760torr$

$1at = 735mmHg = 1kg/cm^2 = 98kPa = 14.2psi = 10mAq = 980mbar$

2. 게이지압력(Gauge pressure, 計器壓力)

현재의 대기압을 0으로 두고 측정한 압력을 말하며, 압력계에 의해서 나타내어지는 압력이다. 압력계는 그 순간의 대기압과의 차압을 나타내게 되어 있으므로 실제 압력은 계기압력에 대기압을 더한 값이 된다.

3. 진공압력(Vacuum pressure, 眞空壓力)

대기압보다 낮아지는 정도를 진공이라 하며, 진공압력계로 측정한 압력이다. 완전 진공이란 기압이 전혀 없는 상태, 즉 기압이 0으로 되어버린 상태로 이때의 절대압력은 0이다.

진공도(眞空度)는 대기압을 0%로 하고 완전 진공을 100%로 하여 나타낸 것이므로 진공 계기압력과 대기압의 비를 백분율로 표시한 것이다. 예를 들면 700mmHg 진공일 때의 진공도는 $\frac{700}{760} = 0.921 = 92.1\%$가 된다.

4. 절대압력(Absolute pressure, 絕對壓力)

대기압을 포함하여 완전 진공 상태를 0으로 기준하여 측정한 압력으로 단위는 $N/m^2 \cdot abs$, $kg/cm^2 \cdot abs$ 등이다.

절대압력 (P_a) = 대기압 (P_o) + 계기압력 (P_g)

= 대기압 (P_o) − 진공압력 (P_v)

= 대기압 (P_o) + $\frac{F}{A}$(단면적당 압력)

= 대기압 (P_o) + γh(수주압력)

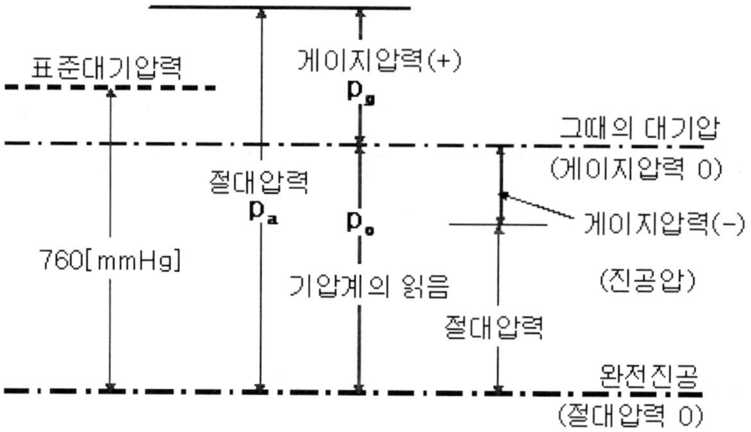

그림 3-1 각종 압력의 비교

예제 가스압력계가 12atg를 표시하고 그때의 대기압이 750mmHg이면 절대압력은 몇 MPa가 되는가?

풀이 $P_a = P_o + P_g = 12 + 1.0332 \times \dfrac{750}{760} = 13.02\ kg/cm^2 \fallingdotseq 1.3MPa$

예제 국소대기압이 710mmHg일 때 절대압력 0.5kg_f/cm^2abs는 게이지압력으로 몇 kg_f/cm^2인가? (단, 수은의 비중은 13.6이다.)

풀이 $P_g = P_a - P_o = P_a - \gamma S h = 0.5 - 13.6 \times 1{,}000 \times \dfrac{1}{10^6} \times 71 = -0.4656\ kg_f/cm^2$

예제 압축기에서 피스톤과 중량추를 합해서 질량이 300kg이다. 피스톤 단면적은 0.01m^2, 국소 대기압 1100mbar라 할 때 실린더 내의 가스압력을 절대압력으로 구하시오.

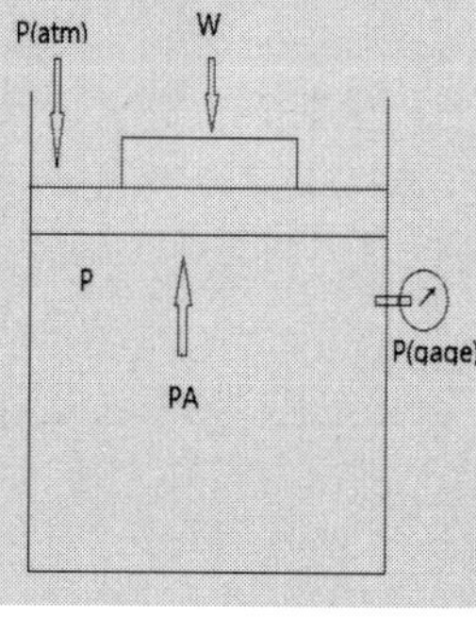

풀이 $P_a = P_o + \dfrac{W}{A}$

$$= 1100 \times \frac{1.0332}{1{,}013.25} + \frac{300 \times 980}{100}$$

$$= 2{,}941.12\ kg/cm^2 \fallingdotseq 294.1MPa$$

예제 어떤 개방된 탱크에 비중이 3인 액체 200mm 위에 물 100mm가 있다. 이때 탱크 밑변에 작용하는 압력은 몇 kPa인가?

풀이 $P_t = \gamma_1 h_1 + \gamma_2 h_2 = 1{,}000 \times 0.1 + 1{,}000 \times 3 \times 0.2 = 700\ kg/m^2 = 7\,kPa$

예제 국소대기압이 1000hPa, 표준대기압이 1.01325bar일 때 게이지압력 5.1kg/cm^{2}을 절대압력으로 환산하면 몇 MPa이 되는가?

풀이 절대압(P_a)=국소대기압(P_o)+계기압(P_g)

$$P_a = \frac{1000 \times 1.0332}{1013.25} + 5.1 = 6.09\ kg/cm^2 \fallingdotseq 0.62MPa$$

2-2 부력 및 부양체의 안정

1. 부력(Buoyancy, 浮力)

물체가 물이나 공기 중에서 뜰 수 있게 해 주는 힘, 즉 물이나 공기 같은 유체에 잠긴 물체는 중력과 반대 방향인 위 방향으로 힘을 유체로부터 받게 되는데 이 힘을 의미한다. 부력은 물체 주위의 유체가 물체에 미치는 압력의 합이라고 할 수 있으며, 이 힘의 크기는 물체를 그 유체로 바꾸었을 때 작용하는 중력의 크기와 같다.

부력의 크기는 물체가 유체 속에 잠긴 만큼의 유체의 중량과 같으며 그 방향은 수직 상향 방향으로 작용한다. 유체 속에서 물체가 받는 부력은 물체 위에서 아래로 누르는 힘과 물체 바닥에서 위로 올려 주는 힘의 차이이다.

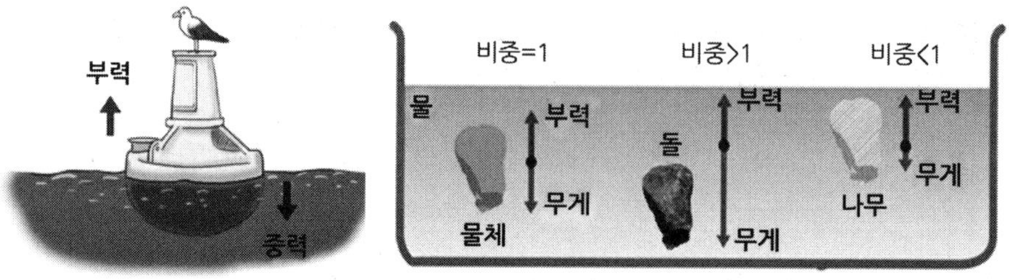

그림 3-2 부력

아르키메데스의 원리(Archimedes' principle) : 물체를 유체에 넣었을 때 물체가 받는 부력의 크기는 물체의 부피와 같은 양의 유체에 작용하는 중력의 크기와 같다는 원리이며, 부력의 원리라고도 한다.

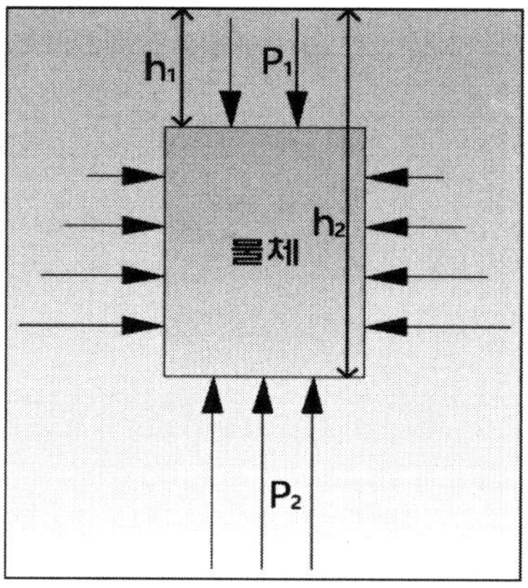

물체 위에서 작용하는 힘

$$F_1 = AP_1 = A\rho g h_1$$

물체 아래에서 작용하는 힘

$$F_2 = AP_2 = A\rho g h_2$$

부력

$$F_B = F_2 - F_1 = A\rho g(h_2 - h_1) = \gamma V$$

γ: 물체가 잠긴 유체의 비중량(N/m^3)
V: 물체가 잠긴 부피(물체가 밀어낸 유체의 체적)(m^3)
F_B : 부력(N)

예제 국소대기압이 1hPa, 표준대기압이 1.01325bar일 때 게이지압력 5.1kg/cm^{2}을 절대압력으로 환산하면 몇 MPa이 되는가?

풀이 $F_B = \gamma V = 9{,}800 \times \pi \times 0.2^2 \times 2 = 2463\,N$

2. 부양체의 안정(Stability of floating bodies)

부력의 작용점은 물체가 밀어낸 부분에 유체가 있다고 가정했을 때의 무게 중심과 일치한다. 이 작용점을 부력 중심(또는 浮心)이라 하며, 부체(떠 있는 물체)가 기울어져 있을 경우의 복원력을 결정하는 중요한 요소이다.

선박의 안정성은 선박의 무게 중심(G)과 경심(metacenter, 傾心, M)의 상대적 위치에 따라 안정 상태, 중립 상태, 불안정 상태의 세 가지로 구분할 수 있다.

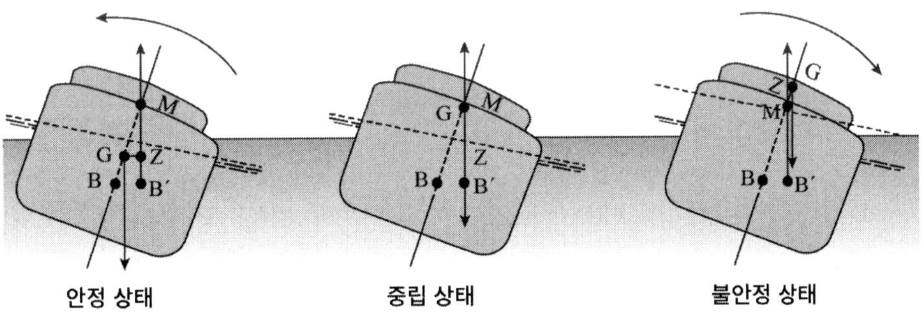

① 무게 중심이 경심보다 아래쪽에 위치하고 있는 경우에는, 선박을 기울어지기 전의 원래 위치로 되돌리려는 복원 모멘트가 작용하므로 이러한 상태를 안정 상태라 한다.

② 무게 중심과 경심의 위치가 일치하여 한 점에 있는 경우에는, 선박의 중력과 부력이 동일한 직선상에서 작용하여 복원 모멘트가 발생하지 않고 기울어진 상태로 정지하게 되므로 이러한 상태를 중립 상태라 한다.

③ 무게 중심이 경심보다 위쪽에 위치할 경우에는, 기울어진 선박을 더욱 기울어지게 하려는 모멘트가 작용하므로 이러한 상태를 불안정 상태라 한다.

제3장 유체 동역학

3-1 유체의 흐름 형태

1. 정상류(Steady flow, 定常流)

어떤 장소에서의 유체가 흐름 상태에 있을 때 흐름과 관계되는 변수들(밀도, 압력, 속도 등)이 시간이 경과하더라도 변하지 않을 때의 흐름을 말한다. 레이놀즈수 1,000 미만의 유동(流動)이며, 균일하고 매끄러운 흐름 특성을 보인다.

$$\frac{\partial \rho}{\partial t} = 0,\ \ \frac{\partial p}{\partial t} = 0,\ \ \frac{\partial V}{\partial t} = 0$$

2. 비정상류(Unsteady flow, 非定常流)

임의의 점에 있어서 유체 입자의 상태가 시간과 함께 변할 때 흐름을 말한다. 수격작용(water hammer, 水擊作用)이 발생하거나 항공기의 경우에서는 날개를 지나는 유체인 경우 날개 표면의 굴곡 때문에 흐름이 급격히 변하게 되어 날개 뒷부분에 비정상 흐름이 생기게 된다.

$$\frac{\partial e}{\partial t} \neq 0,\ \ \frac{\partial p}{\partial t} \neq 0,\ \ \frac{\partial T}{\partial t} \neq 0$$

3. 등류(균속도유동)(Uniform flow, 等流)

유체가 흐르고 있는 과정에서 임의의 순간에 모든 점에서 속도 벡터(Vector)가 동일한 흐름으로 거리 변화에 대한 속도 변화가 없는 흐름이다. 즉, 정상류 중에서 흐름에 따라서 유속이나 수심 등이 일정한 흐름이며, 개수로(開水路)에서는 가장 기본적인 흐름 상태이다.

$$\frac{\partial V}{\partial l} = 0$$

4. 부등류(비균속도유동)(Nonuniform flow, 不等流)

유체의 어떤 점에서 기간에 따라 온도, 밀도, 속도, 압력 등의 조건은 바뀌지 않으나 어느 주어진 순간에 대해 공간에 따라 유속 벡터가 변하는 흐름, 즉 단위시간(單位時間)에 흐르는 유량(流量)은 일정하지만, 흐름의 각 단면(斷面)마다 수단면(水斷面)이 달라지기 때문에 유속이 변화하고 있는 흐름이다.

$$\frac{\partial V}{\partial l} \neq 0$$

3-2 연속방정식(Continuity equation, 連續方程式)

유체 내부에 임의의 공간을 설정했을 때, 그 공간으로 단위 시간당 유입되고 유출되는 유체의 체적이 같아야 한다는 조건을 만족시키는 방정식으로 질량 보존 방정식(mass conservation equation)을 비압축성 유체에 적용했을 때 나타나는 방정식이다. 질량 보존의 법칙에 의하면 유체 내 임의의 공간으로 단위 시간 동안 유입 및 유출하는 질량의 합은 0이다.

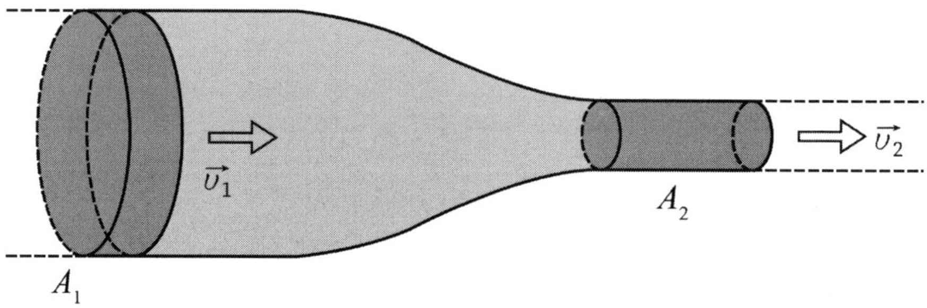

유압관로 중에서는 엄밀하게 정상류가 아닌 경우가 많지만, 일정한 조건에서 운전되는 경우, 일반적으로 정상류로 취급하므로 관로 임의의 단면을 통과하는 유량은 어느 단면에서도 일정하며, 다음과 같은 식으로 표현된다.

$Q = A_1 v_1 = A_2 v_2$

Q : 단위 시간에 흐르는 유량(m^3/s)

A_1, A_2 : 임의의 점 1, 2에서의 내부 단면적(m^2)

v_1, v_2 : 임의의 점 1, 2에서의 유속(m/s)

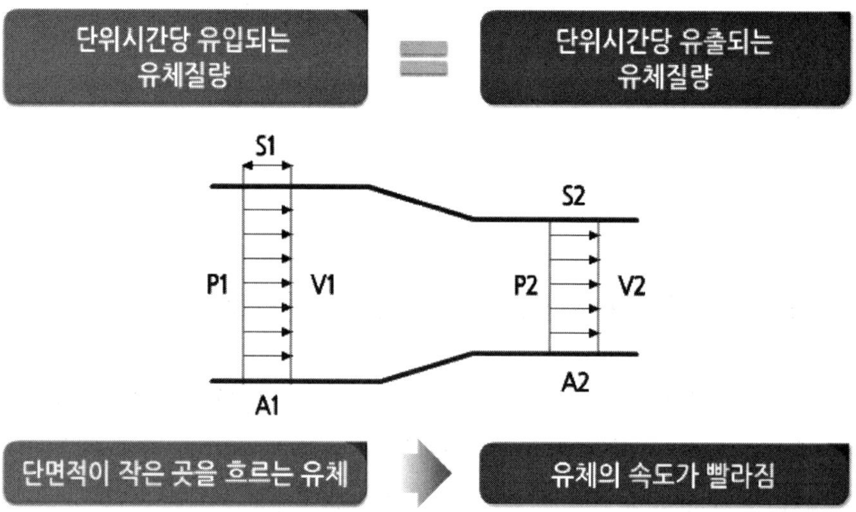

1. 질량유량(Mass flow, 質量流量)

관 속 또는 흐름 속에 생각한 하나의 면을 통해서 단위 시간에 흐르는 유체의 질량으로 압축성 및 비압축성 유체에 적용된다. 유량은 공기나 가스의 밀도에 영향을 받고, 밀도는 온도와 압력에 영향을 받는다.

$Q_m = \rho A V \ (kg/s)$

2. 중량유량(Weighting flow, 重量流量)

임의의 단면을 단위 시간에 흐르는 유체의 중량으로 압축성 및 비압축성 유체에 적용된다.

$Q_w = \gamma A V \ (N/s)$

3. 체적유량(Volume flux, 體積流量)

유로(流路) 중에 생각한 하나의 단면을 단위 시간에 통과하는 유체의 체적으로 비압축성 유체에 적용된다.

$Q_v = A V \ (m^3/s)$

예제 지름 100mm인 원관에 비중이 0.9인 기름이 5m/s의 속도로 흐르고 있다. 질량유량(kg/s), 중량유량(N/s), 체적유량(l/s)은 각각 얼마인가?

풀이 $Q_m = \rho A V = 0.9 \times 1,000 \times \pi \times 0.05^2 \times 5 = 35.34\ kg/s$

$Q_w = \gamma A V = 0.9 \times 9,800 \times \pi \times 0.05^2 \times 5 = 346.36\ N/s$

$Q_v = A V = \dfrac{\pi \times 0.1^2}{4} \times 5 \times 1,000 = 39.27\ l/s$

예제 다음 그림에서 단면 ①의 유속이 4m/s라면 단면 ②의 유속은 얼마(m/s)인가?

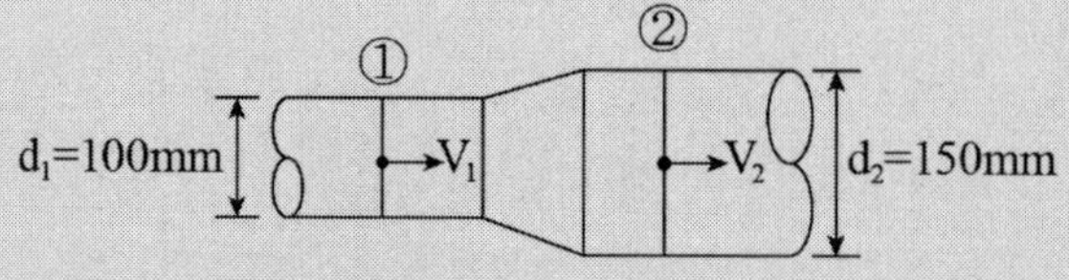

풀이 $V_2 = \frac{A_1 V_1}{A_2} = V_1 (\frac{d_1}{d_2})^2 = 4 \times (\frac{0.1}{0.15})^2 = 1.78\ m/s$

3-3 베르누이의 정리 및 응용

액체는 운동에너지, 압력에너지 및 위치에너지의 세 가지 형태의 에너지를 가지고 있다. 정상류에서 에너지의 변화가 없는 경우 에너지 보존의 법칙에서 흐르고 있는 액체의 다음 상태가 변하더라도 운동에너지, 압력에너지 및 위치에너지의 총합은 변하지 않는다는 것이 **베르누이의 정리**(Bernoulli's theorem)이다.

이 원리는 비행기의 양력이 발생하는 원리를 설명한 것인데, 비행기 날개의 위쪽은 약간 굴곡이 져 있기 때문에 공기의 흐름이 빨라져 압력이 작아지고, 날개 아래쪽은 직선으로 돼 있어 공기의 흐름이 느려 압력이 크다. 따라서 압력이 작은 쪽으로 이끌려 위로 올라가는 힘인 양력이 발생하여 비행기가 떠오를 수 있다는 것이다. 즉, 기압차가 생기기 때문에 비행기 날개가 위로 들어 올려지는 것이다.

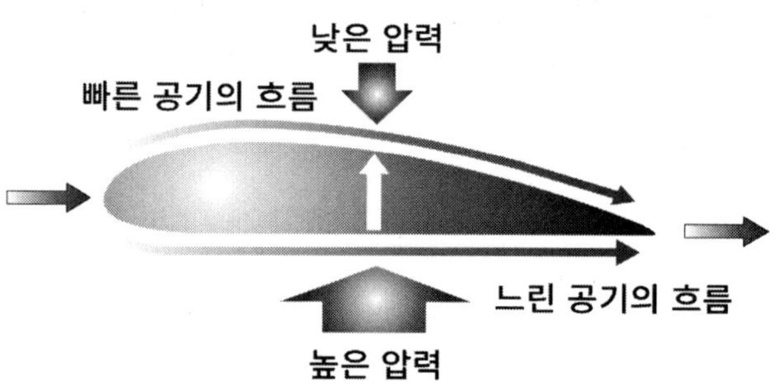

예를 들어 굵기가 변하는 관에 공기를 흐르게 하고 굵기가 다른 부분의 아래로 가는 유리관을 연결한다. 가는 유리관 속에서의 물의 높이를 관찰하면 굵은 쪽에 연결된 물기둥은 그 높이가 낮아지고, 가는 쪽에 연결된 물기둥은 높이가 높아진다. 같은 높이에서 유체가 흐르는 경우 유체의 속력은 좁은 통로를 흐를 때 증가하고 넓은 통로를 흐를 때 감소한다. 베르누이의 정리에 따르면 유체의 속력이 증가하면 유체 내부의 압력이 낮아지고, 반대로 속력이 감소하면 내부 압력이 높아진다. 압력이 높아지면 유리관 속의 물기둥을 더 세게 누르므로 물기둥의 높이가 낮아지고, 압력이 낮아지면 유리관 속의 물기둥을 약하게 누르므로 물기둥의 높이는 높아진다.

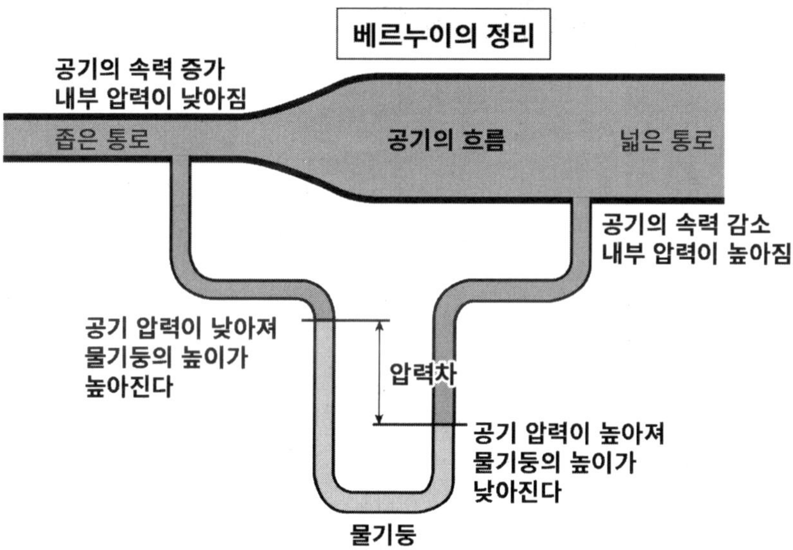

베르누이 방정식을 적용하기 위해서는 다음과 같은 가정이 만족되어야 한다.

① 유체는 비압축성이어야 하며, 압력이 변하는 경우에도 밀도는 변하지 않아야 한다.

② 유선이 경계층(boundary layer)을 통과하여서는 안 된다.

③ 점성력(viscous force), 마찰력이 존재하지 않아야 한다.

④ 시간에 대한 변화가 없는 정상 유동이어야 한다.

베르누이의 정리는 다음 식으로 표현된다.

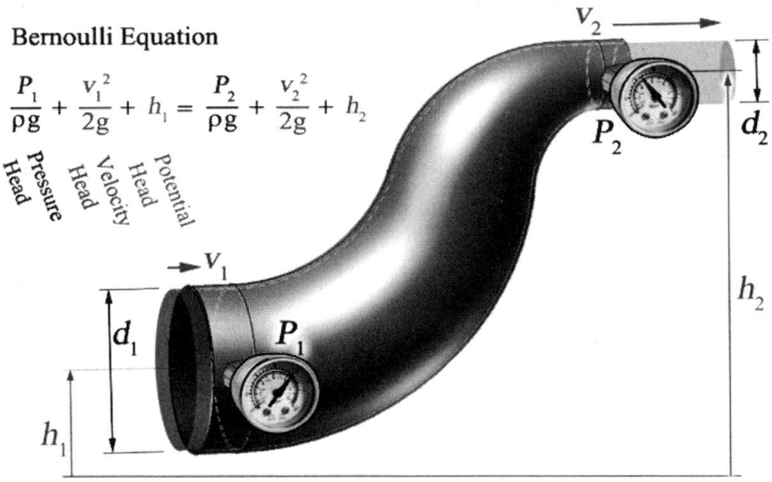

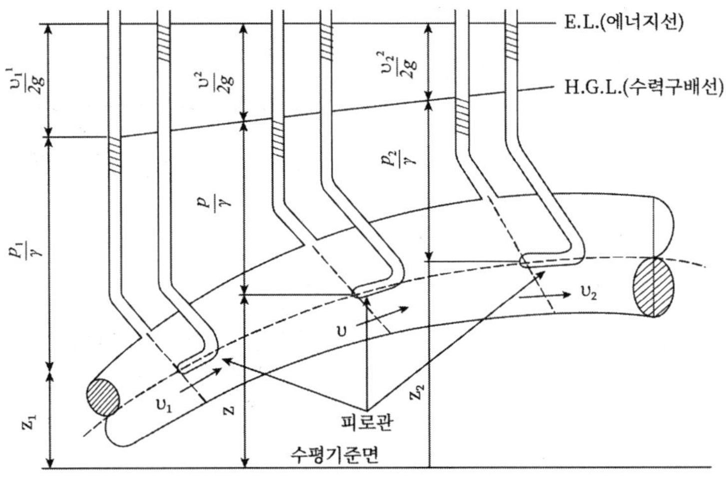

$$\frac{P_1}{\gamma} + \frac{V_1^2}{2g} + Z_1 = \frac{P_2}{\gamma} + \frac{V_2^2}{2g} + Z_2 = H$$

P : 압력(N/m^2)

V : 유속(m/s)

Z : 임의의 지점에서 기준 수면으로부터 높이(m)

γ : 유체의 비중량(N/m^3)

g : 중력 가속도(m/s^2)

H : 전수두(m)

$\frac{P}{\gamma}$: 압력 수두(m)

Z : 위치 수두(m)

$\frac{V^2}{2g}$: 속도 수두(m)

실제 관로에서 유체는 점성을 가졌기 때문에 흐름의 내부에 상대 속도가 생기고 그 때문에 일어나는 마찰력 또는 관 벽과의 마찰은 고려해야 하며, 관로의 ① 단면과 ② 단면 사이에서의 손실 수두를 H_L이라 하면 베르누이의 식은 다음과 같이 표현된다.

$$\frac{P_1}{\gamma}+\frac{V_1^2}{2g}+Z_1=\frac{P_2}{\gamma}+\frac{V_2^2}{2g}+Z_2+H_L$$

1. 에너지선(Energy line)

관내의 흐름에 있어서 처음의 상류 끝의 전수두(全水頭)에서 손실 수두를 뺀 값, 즉 손실이 있는 실제의 관내의 흐름에 있어서 압력 수두, 위치 수두, 속도 수두의 합을 관에 따라 늘어 놓은 선이다.

$$EL=\frac{P}{\gamma}+\frac{V^2}{2g}+Z$$

2. 수력구배선(Hydraulic grade line)

수로를 따라 각 지점의 위치 수두와 압력 수두의 합을 수평 기준면에서 연직으로 나타낸 점을 연결한 선으로 관로 문제를 이해하고 해결하는 데 유용하게 사용하며, **동수경사선**(動水傾斜線, hydraulic grade line)이라고도 한다.

$$HGL = \frac{V^2}{2g} + Z$$

따라서 수력구배선은 항상 에너지선보다 속도 수두만큼 아래에 위치한다.

3. 정압(Static pressure, 靜壓)

정지하고 있는 유체 속의 압력, 또는 유체의 흐름 방향과 직각 방향으로 작용하는 압력으로서, 유속의 영향을 받지 않는 압력을 말하며, 피토 정압관(靜壓管)을 사용하여 측정한다.

4. 동압(Dynamic pressure, 動壓)

운동에너지를 압력에너지로 변환했을 때의 압력, 또는 유체의 흐름을 완전히 막기 위해 필요한 힘으로 관이나 덕트 내의 유체는 정압 외에 흐름의 방향에 직각인 면에 작용하며, 유속에 의하여 생기는 속도압이다.

5. 전압력(Total pressure, 全壓力)

비압축성 유체에서 흐름과 평행인 면에 수직으로 작용하는 정압력과 유체의 단위넓이에 대한 동압력과의 합으로 면 전체에 작용하는 힘이다.

전압력(C) = 정압력(A) + 동압력(B)

$$P_T = P_S + \frac{\rho V^2}{2g}$$

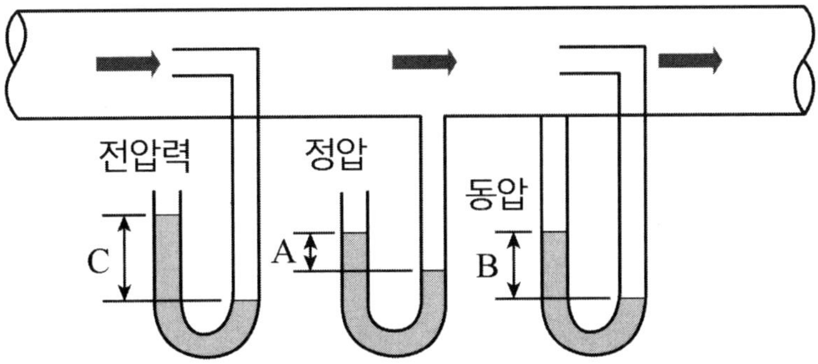

6. 토리첼리의 정리(Torricelli's theorem)

질점(material point)이 중력의 작용으로 자유 낙하할 때의 속도와 높이와의 관계를 나타낸 식으로 액체의 점성이 작고, 그 영향이 무시될 경우에 한하여 이 법칙이 성립된다.

즉, 수조(水槽)의 측면 또는 저면의 구멍으로부터 유출하는 물의 유속과 수면까지의 높이와의 관계를 나타내는 정리(定理)이다.

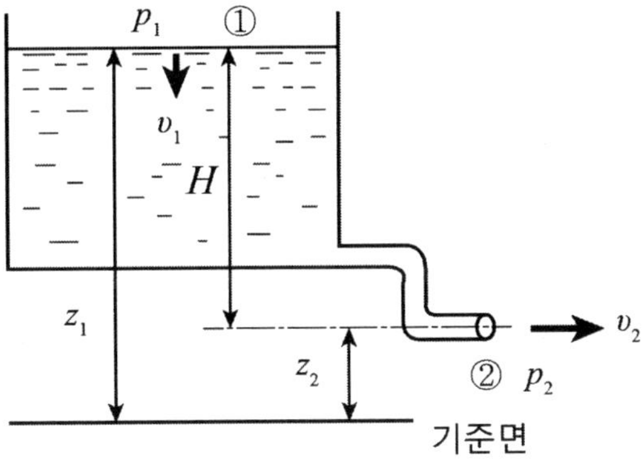

점 ①과 점 ②에서의 에너지 총합은 같기 때문에 베르누이 방정식을 적용하여 정리하면 다음과 같다. 이때 구멍이 작아 수조의 수위 하강 속도는 무시하고 계산한다.

$$\frac{P_1}{\gamma}+\frac{V_1^2}{2g}+Z_1=\frac{P_2}{\gamma}+\frac{V_2^2}{2g}+Z_2$$

$$P_1=P_2=\text{대기압}(0)$$

$$V_1=0$$

$$Z_2-Z_1=H$$

$$\therefore V_2=\sqrt{2gH}\quad(m/s)$$

예제 지면으로부터 높이 75cm 위치에 지름 10mm인 수도꼭지가 있다. 이 수도꼭지에서 나오는 물의 속도가 1m/s의 정상류를 이룬다고 할 때 지면에 떨어지는 순간 물줄기의 지름은 얼마나 되겠는가?

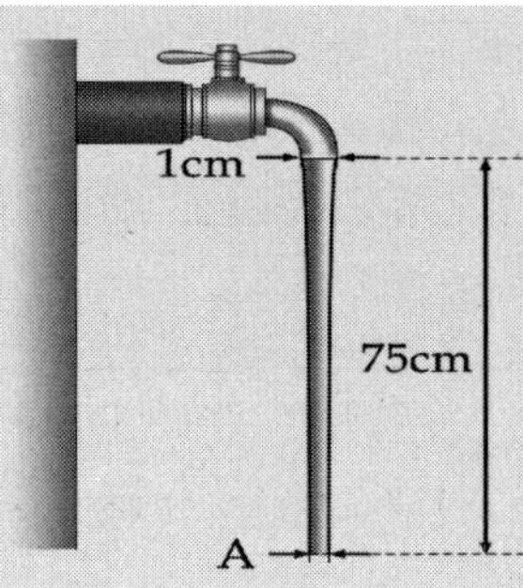

풀이 $v_2=\sqrt{2gH}=\sqrt{2\times9.8\times0.75}=3.834\ m/s$

$d_2=d_1\sqrt{\dfrac{v_1}{v_2}}=10\times\sqrt{\dfrac{1}{3.834}}\fallingdotseq5.1\ mm$

3-4 차압에 따른 유량 측정

유체가 통과하는 관로의 일부에 조리기구인 벤투리미터, 노즐, 오리피스 등을 설치하여 전후에 발생되는 압력차로 유량을 측정하는 방법으로 비교적 광범위한 온도, 압력에 있어서 액체, 기체, 증기의 유량 측정이 가능하다.

베르누이 법칙에 의하면 유체가 흐르고 있는 관로 상 일부를 축소시키면 유체가 그 부분을 통과할 때 속도는 증가하고, 압력이 감소함으로써 조리기구 전후 압력차와 유량과의 사이에는 일정한 관계가 성립됨으로써 차압을 측정하여 유량을 구하는 것이다.

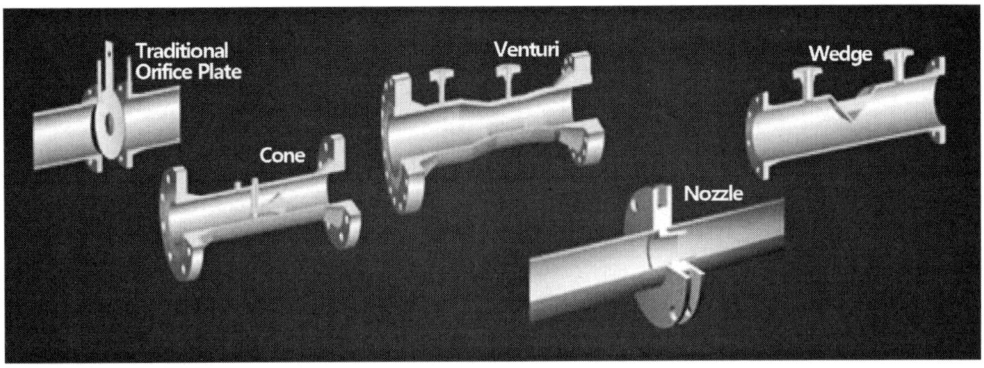

1. 교축(차압)식 유량계의 특징

① 구조가 간단하며, 이동 또는 가동 부분이 없다.

② 측정 특성 및 실험 데이터가 풍부하여 규격서의 제작 사양, 설치 조건을 잘 따를 경우 별도 교정 없이도 5% 정도의 측정 정확도를 얻을 수 있다.

③ 가격이 다른 유량계에 비해 비교적 저렴하고, 대구경 관로에서 더욱 경제적이다.

④ 거의 모든 유체 측정에 쉽게 적용할 수 있어서 각종 프로세스의 제어용, 천연 가스의 측정 등에도 사용되고 있다.

⑤ 층류유량계를 제외하고는 유량과 관련된 출력신호가 선형이 아니고 유량 제곱에 비례하기 때문에 선형신호를 갖는 유량계와 비교하여 하나의 유량계의 측정범위가 보통 1 : 3 정도로 제한된다.

⑥ 유출계수 및 정확도는 배관 형태, 유체의 유동 상태에 따라 상당히 영향을 받으며, 다른 전자유량계 등과 비교할 때 차이가 있다.

⑦ 노후화, 즉 차압 검출부 및 도압관 등의 마모와 부식 정도에 의해 큰 오차가 발생될 수 있다.

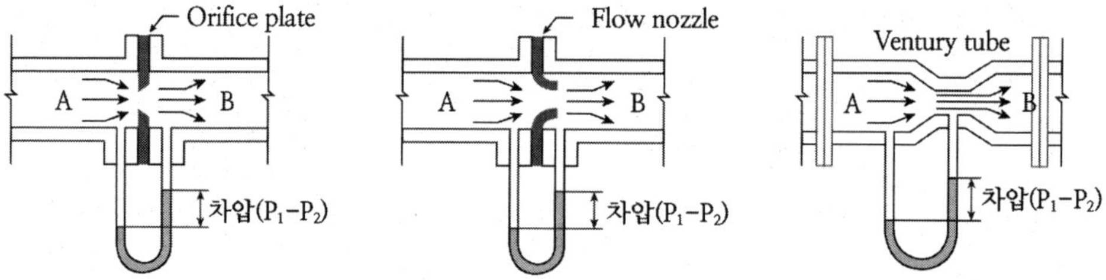

오리피스　　플로우 노즐　　벤투리 관

2. 벤투리미터(Venturi meter)

본체는 그림에 나타낸 것과 같은 가늘었다가 넓어지는 형태의 관으로, 입구 바로 앞 및 목 부분(가장 좁은 부분)의 압력차를 측정하여 이것으로부터 유량을 구하는 계측 장치이다.

유입쪽의 원추관의 정각은 20~21˚, 유출쪽은 5~7˚ 이고, 드로잉비는 0.06~0.25, 유출계수는 대체로 1에 가깝다.

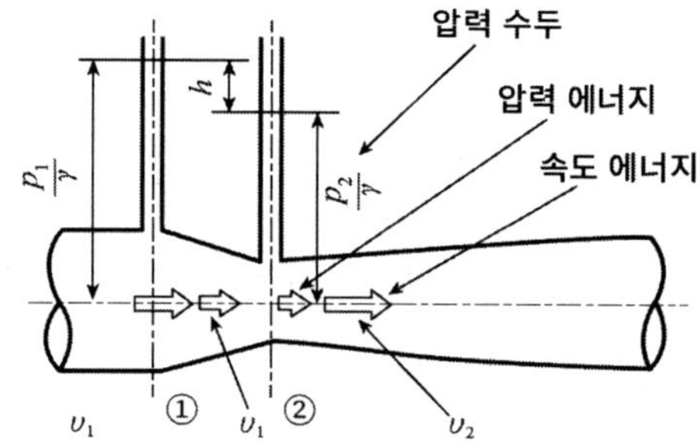

단면 ①과 ②에 베르누이방정식과 연속방정식을 적용하여 유량은 다음과 같이 계산할 수 있다.

$$\frac{P_1}{\gamma}+\frac{V_1^2}{2g}=\frac{P_2}{\gamma}+\frac{V_2^2}{2g}$$

$$Q = A_2 V_2 = \frac{A_2}{\sqrt{1-\left(\frac{A_2}{A_1}\right)^2}} \sqrt{2g\left(\frac{p_1 - p_2}{\gamma}\right)}$$

이론 유량

$$Q = A_2 \sqrt{\frac{2gh\left(\frac{\gamma_s}{\gamma} - 1\right)}{1-\left(\frac{D_2}{D_1}\right)^4}}$$

실제 유량

$$Q = A_2 C \sqrt{\frac{2gh\left(\frac{\gamma_s}{\gamma} - 1\right)}{1-\left(\frac{D_2}{D_2}\right)^4}}$$

$$= C_v A_2 \sqrt{\frac{2gh(\frac{S_0}{S} - 1)}{1-\left(\frac{A_2}{A_1}\right)^2}}$$

$$= C_v A_2 \sqrt{\frac{2gh}{1-\left(\frac{A_2}{A_1}\right)^2}}$$

3. 유동 노즐(Flow nozzle)

벤투리미터에서 수두 손실을 감소시키기 위하여 있는 확대 원추부를 제외하고는 벤투리미터와 같다. 동심 오리피스의 Edge 부분을 하류 측에 돌출하여 Slot 모양을 한 것으로, 고속의 유체에 대한 측정에 적합하며, 또 다수의 고형물을 포함한 유체에도 사용 가능하다.

(1) Flow nozzle Type

① ISA Nozzle : 초기 Nozzle 형태로 Radius가 짧으며, 유럽을 중심으로 이용되는 Nozzle Type으로 지금은 거의 사용되지 않는다.

② ASME Nozzle : Long Radius Nozzle라고도 하며, 현재 사용되는 대부분의 Nozzle Type이다.

(2) 특징

① 유속이 빠른 유체, 특히 Steam Service에 유리하며, Power Plant, Feed Water 등에 적용된다.

② 내구성이 강해 Solid를 포함하는 기체에 적용한다.

③ 용량이 커서 Orifice에 비해 60% 정도 큰 유량을 감당할 수 있다.

④ 설치비 및 Maintenance의 어려움 및 설계의 어려움이 따른다.

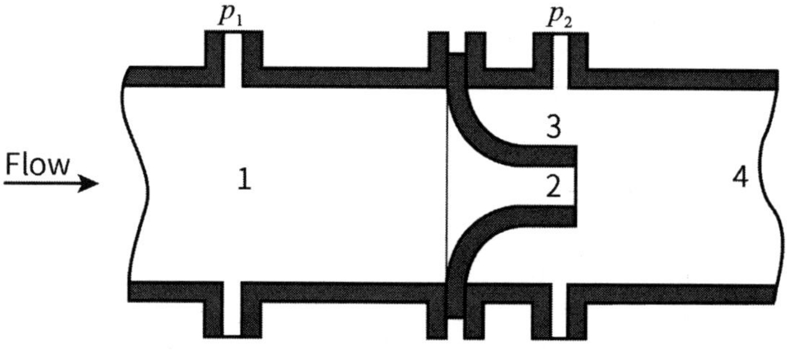

유동노즐을 통과 유량은 다음 식으로 구할 수 있다.

이론 유량

$$Q = A_2 V_2 = \frac{A_2}{\sqrt{1-\left(\frac{A_2}{A_1}\right)^2}} \sqrt{2g\left(\frac{p_1-p_2}{\gamma}\right)}$$

실제 유량

$$Q = CA_2\sqrt{\frac{2g}{\gamma}(p_1 - p_2)}$$

4. 오리피스(Orifice)

일반적으로는 유체가 흐르는 관의 도중에 있는 중심에 구멍을 뚫어 놓은 원판을 오리피스 또는 관내 오리피스라고 하며, 넓은 의미로는 수조 등의 벽에 뚫려 있는 작은 구멍을 말한다. 작은 구멍의 입구와 출구에서의 압력차에 의해 유체의 유량을 측정할 수 있으며, 구조가 간단하고, 값이 싸며 설치하기가 용이하다.

(1) Concentric Orifice(동심형)

가장 일반적인 Type으로 Stainless Steel 재질의 Thin Sharp-edged Concentric Orifice Plate가 가장 많이 사용된다. 부식이나 오염 방지를 위하여 Nickel, Monel, Hastelloy 등 다른 재질이 사용되기도 하고, 두께는 Line Size에 따라 다르며 1/8~1/2inch가 일반적으로 사용된다.

(2) Eccentric Orifice(편심 orifice)

Orifice의 상류 쪽에 Solid or Particle의 퇴적 우려가 있는 Solid Containing Material의 Flow 측정에 적합하며, Vena Contracta의 위치가 Concentric과는 다르기 때문에 5배의 오차 가능성이 있다.

(3) Segmental Orifice(결원형(缺圓形))

Eccentric Orifice와 동일한 application에 적용되며, Solid Containing Material의 Flow 측정에 적합하다.

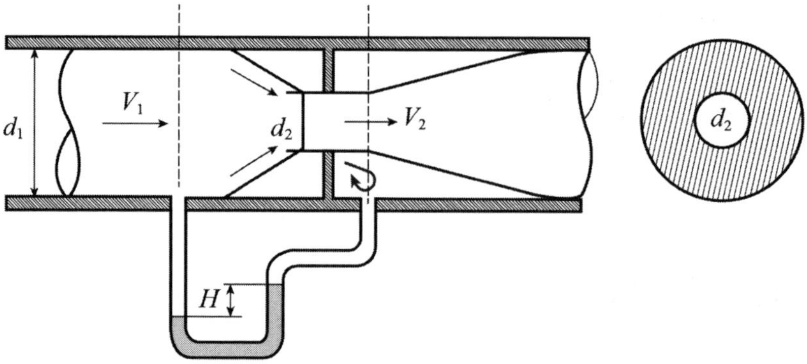

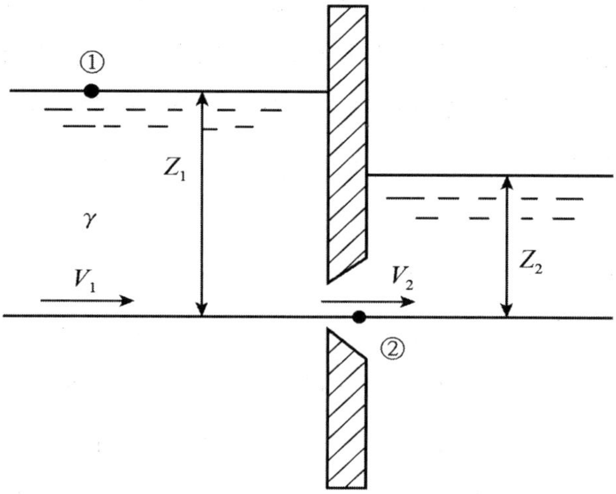

압력 강하는 액체의 점도에 의한 영향을 크게 받지 않지만 관내에 유체가 흐르면 오리피스의 전후에 압력 차가 발생한다. 오리피스 전후의 압력 차가 커지면 유량은 증가하며, 오리피스를 통과할 때 유로를 막으면 압력은 상승하고, 오리피스 전후의 압력 차는 동일하게 된다.

오리피스 통과 유량은 다음 식으로 구할 수 있다.

$$\frac{V_1^2}{2g} + \frac{P_1}{\gamma} + Z_1 = \frac{V_2^2}{2g} + \frac{P_2}{\gamma} + Z_2$$

이론 유량

$$Q = A_2 v_2 = A_2 \sqrt{2g\left(\frac{p_1 - p_2}{\gamma}\right)} = A_2 \sqrt{2gH\left(\frac{S_0}{S} - 1\right)}$$

실제 유량

$$Q = A_2 C_a C_v \sqrt{2gH} = A_2 C_a C_v \sqrt{2g(Z_1 - Z_2)}$$

p_1, p_2 : 오리피스 전·후의 압력 (MPa)

v_2 : 수축부 유속(m/s)

A_2 : 수축부 단면적(m^2)

C_a : 유속계수

C_v : 수축계수

γ : 비중량(N/m^3)

g : 중력 가속도(m/s^2)

제4장 실제 유체의 흐름

4-1 층류(Laminar flow)와 난류(Turbulent flow)

유체의 흐름에는 규칙적인 흐름인 층류(層流)와 불규칙한 흐름인 난류(亂流)가 있다.

층류는 액체가 아주 완만하게 관내를 흐를 경우 각 분자가 서로 층을 이루어서 평행한 속도로 흐르는 상태이며, 점도가 높고, 속도가 비교적 작아서 협소한 구멍이나 가는 관을 통과할 때 발생하기 쉽다. 층류는 각 부분의 흐름 방향이 평행이기 때문에 열 손실은 적다.

난류는 유체의 각 부분이 시간적이나 공간적으로 불규칙한 운동을 하면서 흘러가는 것으로 점도가 낮고, 유속이 큰 넓은 관을 흐를 때 발생하며, 유체의 마찰 저항이 크다. 난류의 일반적인 특성은 다음과 같다.

① 불규칙성(irregularity) 또는 무작위성(randomness)을 가진다.
② 3차원성(three-dimensionality) 및 회전성(rotationality)을 가진다.
③ 확산성(diffusivity) 또는 성질들을 혼합하는 능력을 가진다.
④ 소산성(dissipativeness) 및 여러 규모의 운동을 가진 다양성(multiplicity)을 가진다.

예를 들면 가는 파이프에 물을 흘릴 경우, 잉크를 넣어 흐름의 상태를 관측하면 유속(流速)에 따라 레이놀즈수가 작을 때는 잉크의 흐름이 직선으로 나타나고, 물의 각 부분이 파이프 벽에 평행으로 움직이며 서로 섞이지 않음을 알 수 있는데 이러한 흐름이 층류이다. 또 담배를 피우면 담배에서 발생한 연기는 처음에는 거의 일자로 올라가다가 어느 정도 지나면 흐트러진 모습으로 퍼지는데 앞의 상태가 층류이고, 나중 상태가 난류이다.

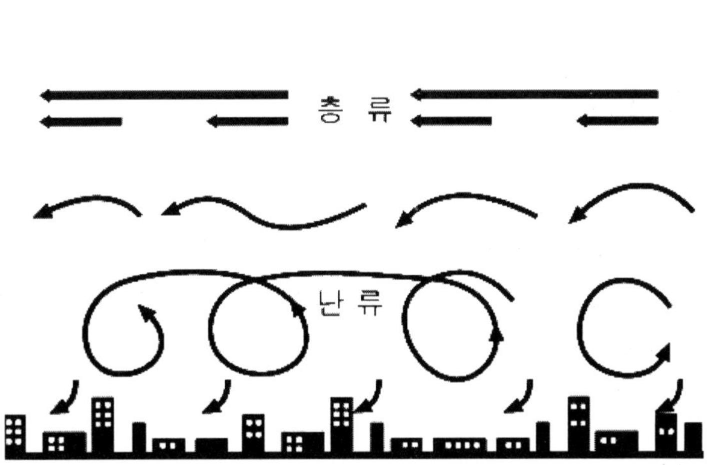

유체의 흐름에서는 점성에 의한 힘이 층류가 되게끔 작용하며, 관성에 의한 힘은 난류를 일으키는 방향으로 작용하고 있다. 이 관성력과 점성력의 비를 **레이놀즈수(Reynold's number ; Re)**라고 하는 무차원 수가 사용되며, 다음과 같이 표현된다.

$$R_e = \frac{\rho VD}{\mu} = \frac{VD}{\nu} = \frac{\text{관성력}}{\text{점성력}}$$

층류 : $R_e < 2,100$

천이구역 : $2,100 < R_e < 4,000$

난류 : $R_e > 4,000$

ρ : 유체의 밀도($kg\,s^2/m^4$)

V : 관속에 흐르는 유체의 평균 유속(m/s)

D : 원관의 지름(m)

μ : 유체의 점성 계수($kg\,s/m^2$)

ν : 유체의 동점성 계수(m^2/s)

Re = 2,100을 하임계 레이놀즈수(lower critical Reynolds number)라 하고, Re = 4,000을 상임계 레이놀즈수(upper critical Reynolds number)라 하며, Re = 2,100~4,000일 때에는 천이구역(transition region)이라 하는데, 이 영역에서는 장치에 따라 층류 또는 난류가 되며, 불안정하여 약간의 교란만 있어도 흐름의 양상이 달라진다.

4-2 관로의 손실

관로 손실에는 유체에 의한 마찰손실 그리고 압력손실 등이 있으며, 마찰손실의 경우는 코팅 등 내부 특수도장으로 관로 내부의 표면 조도를 좋게 하여 마찰손실을 저감시키는 방법이 있고, 압력손실의 경우 배관 중간에 압력보상기 등을 설치하는 방법이 있다.

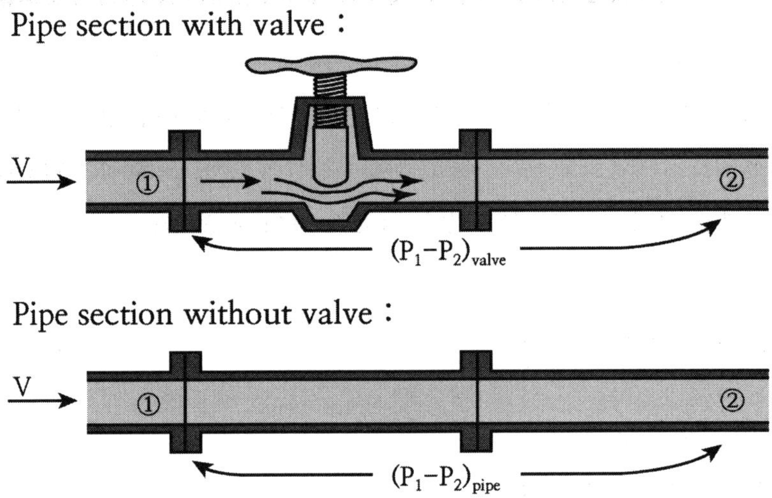

$$\Delta P_L = (P_1 - P_2)_{valve} - (P_1 - P_2)_{pipe}$$

1. 관내 마찰손실(Pipe friction loss, 管內摩擦損失)

관 속을 유체가 흐를 때 관 속의 압력은 관의 내벽면 마찰이나 점성에 의한 유체 간의 마찰에너지가 소비되기 때문에 하류로 갈수록 점점 떨어진다.

① 관내에서 유체와 관 내벽과의 마찰에 의한 것

② 유체의 점성에 의한 것

③ 유체의 난류에 의한 것

(1) 달시-바이스바흐 방정식(Darcy-Weisbash equation) : 층류

에너지 손실을 수두로 나타내면 그림과 같이 단면이 일정한 수평관에 마노미터를 설치하여 측정할 수 있다. ① 지점과 ② 지점은 베르누이의 정리에 의해 위치수두 · 압력수두 · 속도수두는 각각 같지만 실제로는 ② 지점의 압력수두는 ① 지점보다 낮게 나타난다. 이 차이가 마찰에 의한 손실로 **마찰손실수두**(friction loss head)라 하며, 직선인 관에서의 에너지 손실은 다음 식으로 표현된다.

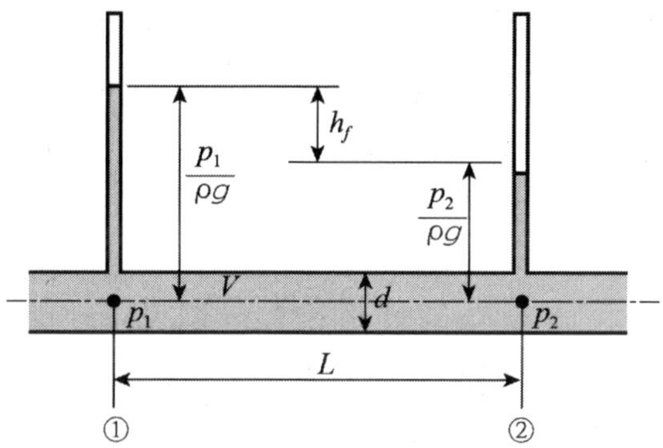

그림 3-3 직선관로의 마찰손실수두

$$h_L = \frac{P_1 - P_2}{\rho g} = \frac{P_1 - P_2}{\gamma} = f\ \frac{L}{d}\frac{V^2}{2\,g}$$

f : 관 마찰계수

d : 관 안지름 (m)

L : 배관 길이 (m)

V : 관내 평균 유속 (m/s)

g : 중력 가속도 $(9.8\ m/s^2)$

$\frac{V^2}{2\,g}$: 속도 수두 (mAq)

$P_1 - P_2 = \Delta P$: 두 지점 간의 압력차(Pa)

ρ : 유체의 밀도$(N s^2/m^4)$

γ : 유체의 비중량(N/m^3)

위의 식에서 관 마찰계수는 관 내벽의 거칠기와 레이놀즈수에 따라 정해지는 값으로서 무디(Moody)선도에서 구할 수 있다. 일반적으로 층류의 경우는 거칠기에 관계없이 $f=\dfrac{64}{R_e}$ 이고, 난류인 경우는 관 내벽의 거칠기에 많은 영향을 받고 있으나 개략 산정할 경우 0.03으로 한다.

(2) 무디 선도(Moody's chart)

마찰 손실 수두를 산출할 때 사용되는 직관 내부의 마찰 계수의 값을 구하는 선도이며, 무디에 의해서 작성된 것으로 층류역에서 난류역을 통하여 레이놀즈수나 관 벽의 거칠기와의 관계를 나타낸 것이다. 레이놀즈수를 횡축으로 마찰계수를 종축으로 하고, 관 벽의 거칠기의 평균 높이와 관의 지름과의 비를 가리키는 선도가 표시되어 있다.

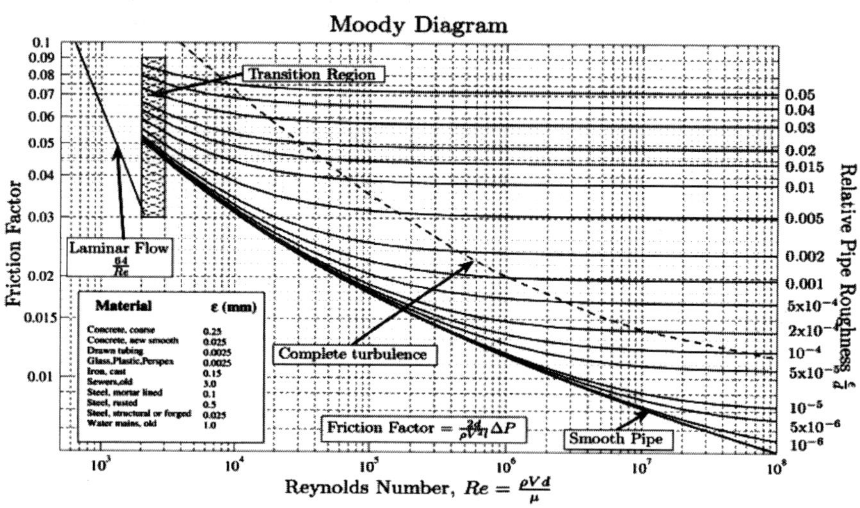

그림 3-4 Moody's chart

예제 호칭지름 25A(안지름 27.5㎜)의 배관용 탄소강관(SPP) 속을 매초 2m의 유속으로 물이 흐를 때 직관 길이 10m 당 마찰손실수두(mAq)를 구하시오. 단, 마찰계수는 0.03으로 한다.

풀이 $h_L = f\,\dfrac{L}{d}\,\dfrac{V^2}{2g} = 0.03\times\dfrac{10}{0.0275}\times\dfrac{2^2}{2\times 9.8} = 2.226\ kg/mm^2 = 2.226\ mAq$

(3) 하겐-포아젤의 법칙(Hargen-Poiselle's law) : 층류

점성으로 인한 압력 손실은 유체 점성계수, 관 길이 및 유량에 비례하고 관지름의 4제곱에 반비례한다는 이론을 하겐-포아젤 법칙이라 부른다.

수평 원관 속에서 점성 유체가 층류 상태로 정상 유동을 할 때 관 벽과의 마찰에 의하여 흐름과는 역방향의 힘을 받는데, 이것을 단위 면적에 수평으로 작용하는 마찰력이라 하며 전단 응력(τ)으로 나타낸다.

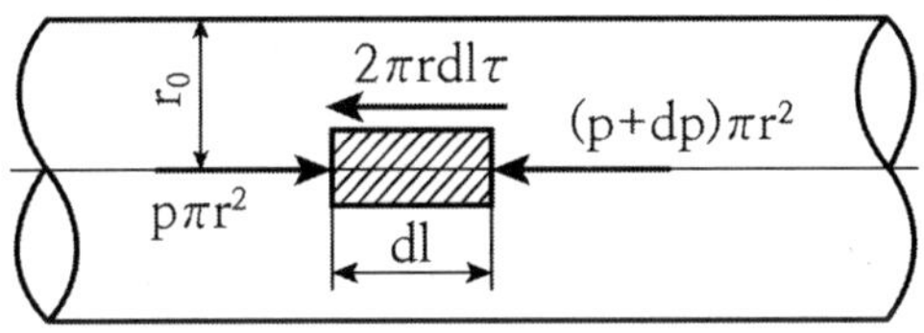

그림 3-5 수평 원관에서 층류 유동

$$\tau = \frac{(P_1 - P_2)r}{2L} = \frac{(P_1 - P_2)d}{4L} \ (N/m^2)$$

$$h_L = \frac{128\mu L Q}{\gamma \pi d^4} \ (m)$$

전단 응력과 속도 분포를 보면 관 중심에서 0이고 반지름에 비례하면서 관 벽까지 직선적으로 증가하며, 속도 분포는 관 벽에서 0이고 중심까지 포물선으로 증가한다.

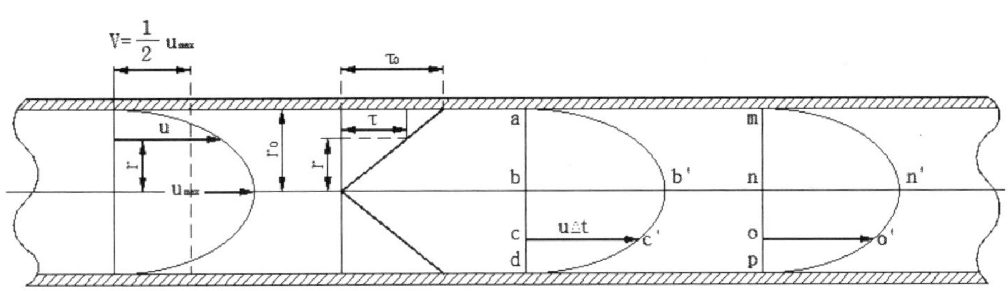

그림 3-6 원관 속 층류의 속도분포 및 전단응력의 분포도

(4) 하젠-윌리엄스식(Hazen-Williams Formula)

관수로 단면에 대한 평균 유속을 구하기 위하기 위하여 하젠과 윌리엄스가 개발한 실험식이며, 상온의 물 배관에 있어서는 자주 이용되고 있다.

$$V = 0.84935 \times C_{HW} \times {R_h}^{0.63} \times H^{0.54}\ (m/s)$$

C_{HW} : 하젠-윌리엄스 상수

R_h : 수력반지름

H : 단위 길이당 압력손실 수두

$$\frac{\Delta P}{L} = 6.174 \times 10^4 \times \left(\frac{Q^{1.85}}{C^{1.85} \times d^{4.87}}\right)$$

$\Delta P/L$: 배관의 단위 길이당 마찰손실에 의한 압력강하(Mpa)

Q : 유체의 유량(l/min)

C : 하젠-윌리엄스 상수(조도)

d : 관 안지름(mm)

L : 배관 길이(m)

위 식들을 Darcy-Weisbach 식의 형태로 변형하여 정리하면 압력손실은 다음과 같다.

$$h_L = 10.466 \times \left(\frac{Q^{1.85}}{C^{1.85} \times d^{4.87}}\right) \times L$$

h_L : 배관의 단위 길이당 마찰손실에 의한 압력손실(mAq)

Q : 유체의 유량(m^3/s)

C : 하젠-윌리엄스 상수

L : 배관 길이(m)

d : 관 안지름(m)

하젠-윌리엄스 상수 C는 관 내면의 거칠기에 따른 값으로 아주 매끈한 직관은 140, 새 강관은 130, 오래된 강관은 100 정도이지만, 상온 이외에는 적용할 수 없으므로 온수의 각 온도에서 통일적으로 이용할 수 없다.

(5) 등가 지름(equivalent diameter, 等價直徑)

장방형 덕트를 이것과 같은 유량으로 같은 마찰 손실을 갖는 원형 덕트 대치했을 때의 지름을 의미한다. 단면이 원형이 아닌 유로에 대해서 단면적을 A, 단면의 둘레 길이의 총합을 P_L로 할 때, 상당 지름은 $D_e = \dfrac{4A}{P_L}$ 로 정의된다.

(6) 수력 반지름(hydraulic radius, 水力半徑)

유체가 통과하는 단면적을 유체가 접하는 관 벽의 길이로 제한 값으로 원형 단면이 아닌 유로의 저항 등을 고려하는 데 사용된다. 원관 이외의 단면을 갖는 유로 문제는 지름 대신 수력 반지름을 사용하여 원관에서 사용하였던 방정식을 비원형 단면을 갖는 관로 문제에 그대로 적용시킬 수 있다.

$$R_h = \frac{A}{P_L}$$

R_h : 수력 반지름(m)

A : 유로의 단면적(m^2)

P_L : 접수 길이(m)

b : 폭(m)

h : 높이(m)

d : 안지름(m)

① 구형 단면(rectangular section, 矩形斷面) 폐수로(閉水路)

$$R_h = \frac{A}{P_L} = \frac{b \times h}{b+b+h+h}\ (m)$$

② 구형 단면(rectangular section, 矩形斷面) 개수로(開水路)

$$R_h = \frac{A}{P_L} = \frac{b \times h}{b+h+h}\ (m)$$

③ 원형 단면

$$R_h = \frac{A}{P_L} = \frac{\frac{\pi d^2}{4}}{\pi d} = \frac{d}{4}\ (m)$$

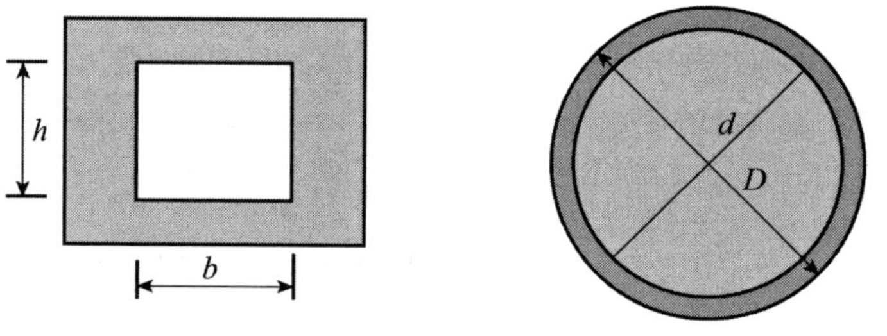

Darcy-Weisbach 식을 만족시키는 등가 길이를 이용하여 부착적 손실을 나타내면 다음과 같다.

$$h_L = \frac{P_1 - P_2}{\rho g} = \frac{P_1 - P_2}{\gamma} = f\ \frac{L}{d}\frac{V^2}{2g} = f\ \frac{L}{4R_h}\frac{V^2}{2g}$$

2. 국부저항손실(Dynamic loss, 局部抵抗損失)

관로에 사용되는 밸브류, 이음쇠류 또는 관 단면의 변화 등에 의하여 생기는 손실, 즉 유체가 직관부 이외의 곳에서 압력이 손실되는 원인이 되는 것을 국부저항손실이라 한다.

마찰손실 이외의 손실을 부차적손실, 미소손실 또는 형상손실이라 하며, 단면의 급변부에서 생기는 유선박리현상, 곡면관에서 생기는 이차류, 밸브 등에서 생기는 급격한 와류에 의하여 발생된다.

① 관의 축소나 확대에 의한 것

② 관의 굴곡부에 의한 것

③ 배관중의 밸브, 이음쇠류 등에 의한 것

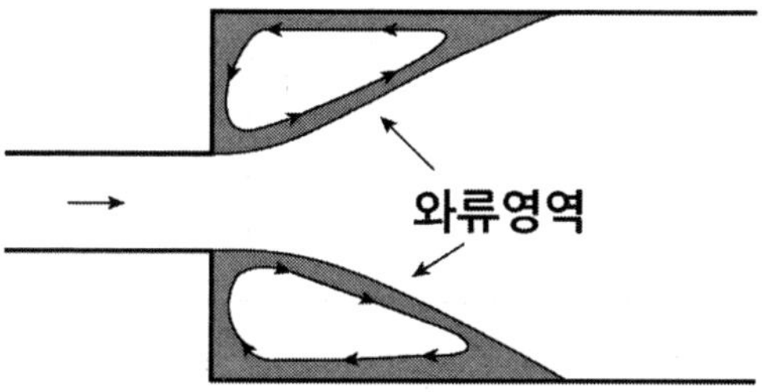

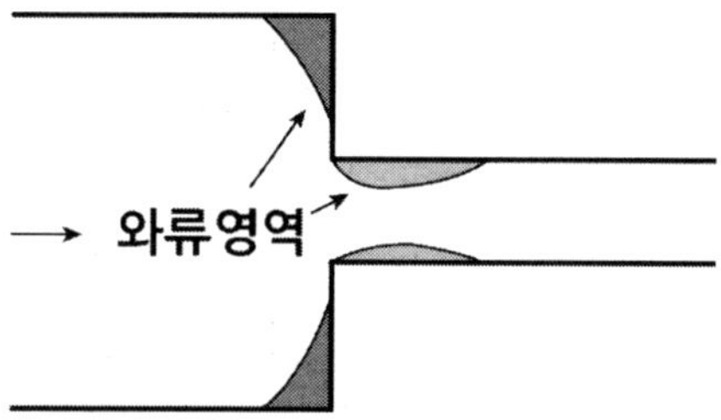

급확대　　　　급축소

※ **관의 상당관 길이(등가 관 길이, equivalent length of pipe)**

덕트, 관 등에 대해서 밸브나 굴곡부의 마찰 저항이나 국부 저항을 그 저항과 같은 덕트, 관 등의 직관(直管)으로 대치했을 때의 길이를 의미한다.

원형인 경우에는 그 지름을 $d(m)$, 국부 저항 계수(부차적 손실계수)를 k, 직관부의 저항 계수(마찰 계수)를 f라 하면 상당 길이 $L_e = \dfrac{k\,d}{f}$로 주어진다.

부차적 손실은 일반적으로 속도 수두를 이용하여 다음과 같이 표현된다.

$$H_k = k\,\frac{V^2}{2\,g}$$

Darcy-Weisbach 식을 만족시키는 등가 길이를 이용하여 부착적 손실을 나타내면 다음과 같다.

$$H_k = f\,\frac{L_e}{d}\frac{V^2}{2\,g}$$

(1) 돌연(급) 확대관에서의 손실

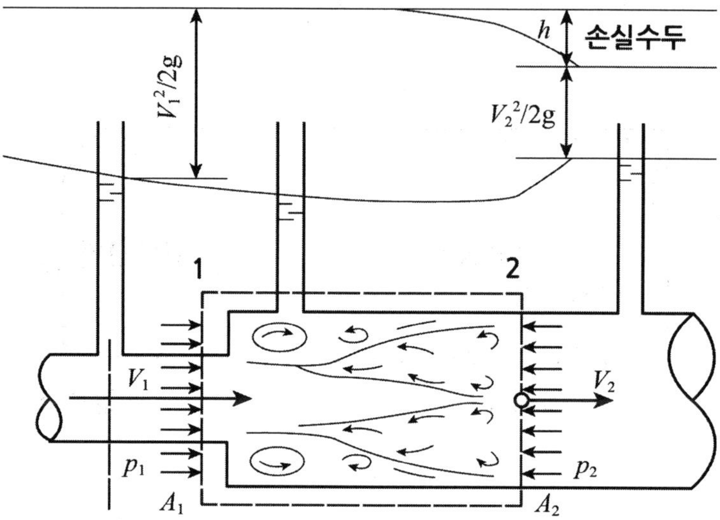

$$h_L = \frac{(V_1 - V_2)^2}{2g}$$

위 식에 연속방정식 $Q = A_1 V_1 = A_2 V_2$를 적용하여 정리하면

$$h_L = \frac{(V_1 - \frac{A_1 V_1}{A_2})^2}{2g} = \left[1 - \left(\frac{A_1}{A_2}\right)\right]^2 \frac{V_1^{\ 2}}{2g} = \left[1 - \left(\frac{d_1}{d_2}\right)^2\right]^2 \frac{V_1^{\ 2}}{2g}$$

이 되고, 위 식에서 $\left(1 - \frac{A_1}{A_2}\right)^2 = \left[1 - \left(\frac{d_1}{d_2}\right)^2\right]^2 = K$(확대부 손실계수)라 하면 다음과 같이 변형된다.

$$h_L = K\frac{V_1^{\ 2}}{2g}$$

(2) 돌연(급) 축소관에서의 손실

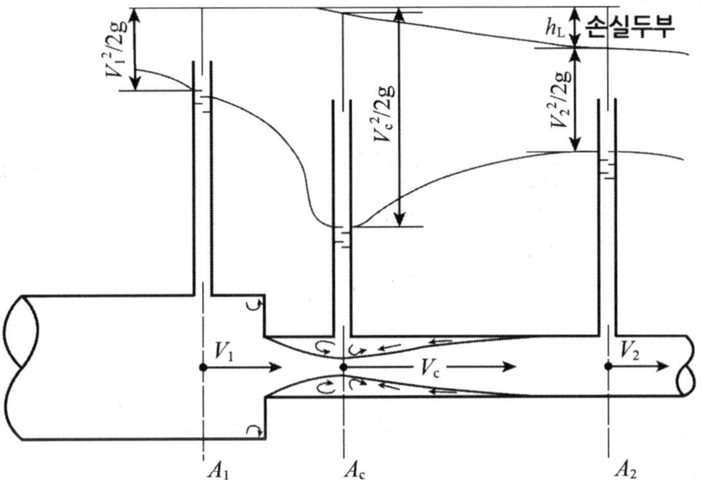

$$h_L = \frac{(V_c - V_2)^2}{2g}$$

위 식에 연속방정식 $Q = A_c V_c = A_2 V_2$를 적용하여 정리하면

$$h_L = \frac{(V_c - V_2)^2}{2g} = \frac{(\frac{A_2 V_2}{A_c} - V_2)^2}{2g} = \left(\frac{A_2}{A_c} - 1\right)^2 \frac{{V_2}^2}{2g} = \left(\frac{1}{C_c} - 1\right)^2 \frac{{V_2}^2}{2g}$$

이 되고, 위 식에서 $\left(\frac{A_2}{A_c} - 1\right)^2 = \left(\frac{1}{C_c} - 1\right)^2 = K$(축소부 손실계수), 수축부 단면적 A_c, 수축계수 $C_c = \frac{A_2}{A_c}$ 라 하면 다음과 같이 변형된다.

$$h_L = K \frac{{V_2}^2}{2g}$$

(3) 점차 확대 부분에서의 손실

유체가 가진 운동에너지를 압력에너지로 변환하기 위해 단면적을 차츰 넓게 한 유로(流路)를 **디퓨저**(diffuser)라 한다.

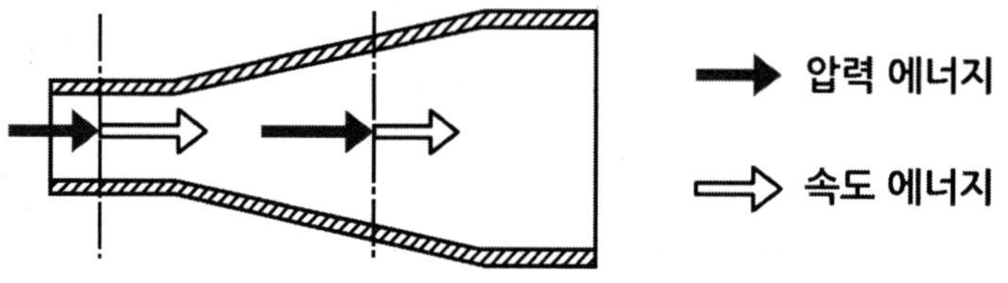

손실을 적게 하면서 속도 수두를 압력 수두로 바꾸어 높은 압력을 얻고자 할 때 점차 확대관(diffuser)을 이용한다. 원추 확대관과 점차 확대관에 관한 실험결과에 의하면 원추각은 7° 부근에서 손실계수가 가장 작고, 62° 부근에서 최대가 예측된다.

디퓨저에서의 손실 수두는 확대각에 따른 손실계수를 ζ라 하면 다음 식으로 표현된다.

$$h_L = \zeta \frac{(V_1 - V_2)^2}{2g}$$

(4) 점차 축소 부분에서의 손실

디퓨저와 반대로 속도를 증가시키고 압력을 감소시키는 목적으로 사용되며, 점차 축소관에서 축소 각이 작을 경우에는 일반적으로 마찰손실 이외의 손실은 일어나지 않는 것으로 본다. 보통 원추각 30° 이하이면 벽면 마찰 이외의 손실은 무시하지만 속도가 대단히 크거나 압력이 진공 압력일 경우에는 유리된 공기나 증기가 발생하여 손실이 일어난다. 즉, 소방용 노즐은 마찰 손실을 포함하여 손실계수를 ζ= 0.03~0.05로 사용하지만, 대략 0.04~0.09 범위이다.

(5) 배관 부품에서의 손실

K factors of common valves and fittings

VALVE OR FITTING		K FACTOR
GLOBE VALVE :	WIDE OPEN	10.0
	1/2 OPEN	12.5
GATE VALVE :	WIDE OPEN	0.19
	3/4 OPEN	0.90
	1/2 OPEN	4.5
	1/4 OPEN	24.0
RETURN BEND		2.2
STANDARD TEE		1.8
STANDARD ELBOW		0.9
45° ELBOW		0.42
90° ELBOW		0.75
BALL CHECK VALVE		4.0

예제 그림과 같이 돌연 확대관에 물이 0.2 m^3/s로 흐르고 있다. 작은 관에서의 압력 p_1 이 100 kPa이라 하면 지름 300mm인 관에서의 압력 p_2는 몇 MPa인가?
(관 마찰은 무시한다.)

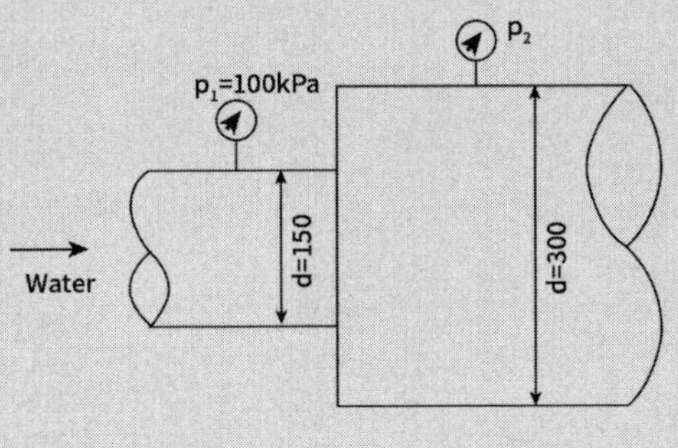

풀이

$$P_2 = P_1 + \gamma \times \frac{V_1^2 - V_2^2}{2g}$$

$$= 100 + 9800 \times \frac{(4 \times 0.2/\pi \times 0.15^2)^2 - (4 \times 0.2/\pi \times 0.3^2)^2}{2 \times 9.8 \times 1000}$$

$$= 160.08\, kPa$$

$$\fallingdotseq 0.16\, MPa$$

예제 안지름 10cm인 원관이 내경 20cm로 갑자기 확대되는 경우 0.5m³/s의 유량으로 물이 흐를 때, 손실 수두는 약 몇 m인가?

풀이

$$h_L = \left[1-(\frac{D_1}{D_2})^2\right]^2 \frac{V_1^2}{2g} = \left[1-(\frac{0.1}{0.2})^2\right]^2 \times \frac{(4\times 0.5/\pi\times 0.1^2)}{2\times 9.8} = 116.31\,m$$

예제 500mm 배관에 300 ℓ/min 의 물이 흐르고, 그 끝에 25mm 노즐을 달아 공기 중으로 방출할 때 노즐에서의 마찰손실압력은 몇 kPa인가? 배관의 부차적 손실계수는 5.5이다.

풀이

$$V_2 = \frac{Q}{A_2} = \frac{0.3\times 4}{\pi\times 0.025^2\times 60} = 10.2\,m/s$$

$$h_L = K\frac{{V_2}^2}{2g} = 5.5\times\frac{10.2^2}{2\times 9.8} = 22.195\ mAq = 286.1kPa$$

제4편 종합문제

종 합 문 제
[객관식]

문제 1 다음 중 유체를 정의한 것으로 가장 옳은가?

① 용기 안에 충만 될 때까지 항상 팽창하는 물질을 유체라 한다.
② 흐르는 물질은 모두 유체라 한다.
③ 흐르는 물질 중에 전단응력이 생기지 않는 물질을 유체라 한다.
④ 아무리 작은 전단응력이라 할지라도 물질 내부에 전단응력이 생기면 정지 상태로 있을 수 없는 물질을 유체라 한다.

풀 이 유체란 여하히 작은 전단응력이라도 존재하기만 하면 전단응력이 작용하는 한 계속해서 변형하는 물질이다.

정답 : ④

문제 2 어떤 연료의 발열량이 7000kcal/kg일 때 Btu/ lb로 환산하면 얼마인가?

① 1,260 Btu/lb ② 12,600 Btu/lb
③ 14,600 Btu/lb ④ 16,600 Btu/lb

풀 이 $1kcal = 3.968Btu, 1kg = 2.205lb$

$7000kcal/kg = 3.968 \times 7000 \div 2.205 = 12596.8Btu/lb$

정답 : ②

문제 3 20℃의 물 150g과 80℃의 물 850g을 혼합하면 몇 ℃가 되겠는가?

① 71℃ ② 81℃
③ 91℃ ④ 101℃

풀 이 $G_1 \times C_1 \times (t_m - t_1) = G_2 \times C_2 \times (t_2 - t_m)$

$t_m = \dfrac{150 \times 20 + 850 \times 80}{150 + 850} = 71℃$

정답 : ①

문제 4 중량 3kg의 동판을 가열하여서 0.06m³의 물에 넣었더니 물의 온도가 10℃에서 13.3℃가 되었다. 동판을 가열한 온도는 몇℃가 되겠는가?(단, 동의 비열은 0.092kcal/kg℃이고, 물과 용기 사이에는 열교환은 없는 것으로 한다.)

① 726.7　② 730
③ 716.7　④ 740

풀 이

$$G_1 \times C_1 \times (t_m - t_1) = G_2 \times C_2 \times (t_2 - t_m)$$

$$t_2 = \frac{G_1 C_1 (t_m - t_1)}{G_2 C_2} + t_m$$

$$= \frac{60 \times 1 \times (13.3 - 10)}{3 \times 0.092} + 13.3 = 730℃$$

정답 : ②

문제 5 완전히 보온되어 있는 그릇에 800g의 물을 넣고 온도를 측정했더니 15℃이었다. 그릇의 비열 및 중량을 각각 0.056kcal/kg℃, 250g으로 하고, 그 속에 온도가 100℃, 중량 200g인 알루미늄을 넣어 열평형 된 후 온도가 19.24℃가 되었다면 알루미늄의 비열은 몇 kcal/kg℃인가?

① 0.214　② 0.114
③ 0.414　④ 0.314

풀 이

유출열량

$$Q_1 = 0.2 \times C_a \times (100 - 19.24)$$

물과 그릇이 얻은 수열량

$$Q_2 = \{0.8 \times 1 \times (19.24 - 15)\} + \{0.25 \times 0.056 \times (19.24 - 15)\}$$

$$Q_1 = Q_2$$

$$\therefore C_a = \frac{(19.24 - 15)[(0.25 \times 0.056) + 0.8]}{0.2 \times (100 - 19.24)} = 0.214\, kcal/kg℃$$

정답 : ①

문제 6 다음 중 가장 낮은 압력은?

① 500 $mmAq$　② 760 $mmHg$
③ 1 kg/cm^2　④ 0.9807 bar

풀 이

① $500mmAq = \frac{500}{10332} \times 1.0332 = 0.05\, kg/cm^2$

② $760mmHg = 1.0332\, kg/cm^2$

④ $0.980\, bar = \frac{0.98}{1.0132} \times 1.0332 = 0.999\, kg/cm^2$

정답 : ①

문제 7 대기압이 750mmHg일 때 계기 압력이 3.25kg/cm²이었다면 절대압력은 몇 MPa인가?

① 0.102 ② 1.02
③ 0.427 ④ 4.27

풀 이 $p_a = p_o + p_g = \frac{750}{760} \times 1.0332 + 3.25 = 4.27\,kg/cm^2 = 0.436\,MPa$

정답 : ③

문제 8 대기 중에 있는 지름 5cm인 실린더의 피스톤 위에 50kg의 추를 놓았을 때 실린더 내의 기체의 절대 압력은?

① 2.548 kg/cm^2 ② 3.581 kg/cm^2
③ 4.548 kg/cm^2 ④ 5.581 kg/cm^2

풀 이 $p_a = p_o + \frac{F}{A} = 1.0332 + \frac{50}{\pi \times 2.5^2} = 3.581\,kg/cm^2$

정답 : ②

문제 9 호이스트(hoist)로 1ton의 하중을 수직으로 10m 올렸을 때 호이스트가 한 일은 몇 kgm인가?

① 10 kgm ② 10^2 kgm
③ 10^3 kgm ④ 10^4 kgm

풀 이 $W = FS = 1 \times 1000 \times 10 = 10{,}000 kgm$

정답 : ④

문제 10 어떤 엔진의 출력이 20마력일 때 1시간 동안 가동한 일량을 열량으로 환산하면 몇 $kcal$인가?

① 12,640 $kcal$ ② 1,264 $kcal$
③ 860 $kcal$ ④ 632 $kcal$

풀 이 $1psh = 632\,kcal$

$Q = 20 \times 632 = 12{,}640 kcal$

정답 : ①

문제 11 1kg 납덩어리를 높이 100m에서 떨어뜨렸을 때 납덩어리의 온도는 몇 ℃ 올라가겠는가?(단, 납의 비열은 0.030*kcal/kg*℃이며, 납덩어리가 바닥에 충돌했을 때 운동에너지는 전부 열로 전환되고, 그중 60%가 납덩어리에 흡수된다.)

① 1.69℃ ② 2.69℃
③ 3.69℃ ④ 4.69℃

풀 이

$Gh\eta = GC\Delta t$

$1kgm = 427\,kcal$

$$\therefore \Delta t = \frac{100 \times 0.6}{427 \times 1 \times 0.03} = 4.69℃$$

정답 : ④

문제 12 정원이 10명인 엘리베이터에서 1인당 체중을 70kg으로 잡고 운전 속도를 10m/min으로 할 경우 필요 동력은 몇 kW인가? 운전 효율은 70%로 한다.

① 8.01 ② 22.36
③ 11.44 ④ 16.44

풀 이

$1kW = 102\,kgm$

$$N_{kW} = \frac{FV}{102\eta} = \frac{70 \times 10 \times 100}{60 \times 102 \times 0.7} = 16.44\,kW$$

정답 : ④

문제 13 다음 비열에 대한 설명 중 옳은 것은?

① 비열은 CGS 단위계와 *ft-lb* 단위계에서 같은 값을 쓴다.
② 정압 비열이 정적 비열보다 작다.
③ 비열의 단위는 *kcal/kg*이다.
④ 정적 비열을 정압 비열로 나눈 값을 비열비라 한다.

풀 이

정답 : ①

문제 14 중량 100kg인 물체에 2.5m/s²의 가속도를 주기 위한 힘은 어느 정도인가?

① 25.5 ② 250
③ 10.5 ④ 5.5

풀 이

$$F = ma = \frac{W}{g}a = 100 \div 9.8 \times 2.5 = 25.51\,kg$$

정답 : ①

문제 15 다음 중 열역학 제1법칙에 대한 설명으로 어긋나는 것은?
① 수열량에서 외부에 한 일을 빼면 내부에너지의 증가량이 된다.
② 열은 저온체에서 고온체로 흐른다.
③ 계가 한 참일은 계가 받은 참열량과 같다.
④ 에너지 보존의 법칙이다.

풀 이

정답 : ②

문제 16 물체가 열을 받고 변화를 일으킬 경우에 대한 설명 중 틀린 것은?
① 분자 간의 인력에 저항하여 집합 상태가 변화한다.
② 외부에 저항하여 체적 변화를 일으킨다.
③ 분자의 운동에너지를 증가시킨다.
④ 물체의 위치에너지를 증가시킨다.

풀 이

정답 : ④

문제 17 중량 50kg의 물체를 12m 들어 올리는데 필요한 일을 열량으로 환산하면 몇 kJ이 되는가?

① 2.4 ② 60
③ 4.2 ④ 5.9

풀 이

$1kcal = 4.2kJ$

$\therefore Q = AW = \dfrac{5 \times 12}{427} = 1.4\,kcal = 5.88\,kJ$

정답 : ②

문제 18 회전수 3,600rpm으로 65,000kW의 출력을 내는 증기 터빈 축의 회전 모멘트(kgm)는 얼마인가?

① 17,600 ② 27,600
③ 37,600 ④ 47,600

풀 이

$T = \dfrac{102 \times kW}{2\pi N} = \dfrac{60 \times 102 \times 65{,}000}{2\pi \times 3{,}600} = 17{,}600\,kgm$

정답 : ①

문제 19 카르노 사이클 기관이 200kJ의 열을 200℃에서 공급받아 293K에서 방출한다면 열효율은 약 얼마나 되겠는가?

① 38 ② 62
③ 26 ④ 83

풀 이

$$\eta_c = 1 - \frac{T_C}{T_H} = \frac{(200+273)-(293)}{(200+273)} = 0.3805 \fallingdotseq 38\%$$

정답 : ①

문제 20 매분 6,800회전하면서 125ps를 내는 기관이 1분 동안 하는 일은 열량으로 몇 kcal가 되는가?

① 1,020 ② 1,120
③ 1,200 ④ 1,320

풀 이

$$Q = AW = 125 \times 75 \times 60 \times \frac{1}{427} = 1317.3\,kcal$$

정답 : ④

문제 21 밀폐 용기 내에 50℃의 공기 10Kg이 들어 있다. 외부에서 열을 가하여 120℃까지 온도를 올리면 내부에너지는 얼마나 증가 하겠는가?(단, 공기의 평균비열은 0.174kcal/kg℃이다)

① 1.218Kcal ② 12.18Kcal
③ 121.8Kcal ④ 1.218Kcal

풀 이

$$\Delta U = Q - AW = 10 \times 0.174 \times (120-50) - 0 = 121.8\,kcal$$

정답 : ③

문제 22 기체가 1.2kg/cm²g의 일정 압력 하에서 10m³에서 5m³까지 마찰 없이 압축되면서 동시에 73.5kcal의 열을 외부에 방출하였다면 내부에너지의 변화는 얼마나 되는가?

① 150 kgm ② 177.5 kcal
③ 187.9 kcal ④ 197.5 kJ

풀 이

$$W = \int P\delta V = P(V_2 - V_1)$$

$$= (1.2 + 1.0332) \times 10^4 \times (5\text{-}10) = -11.135 \times 10^4 kgm$$

$$\Delta U = Q - AW = -73.5 + \frac{11.165 \times 10^4}{427} = 187.9kcal$$

정답 : ③

문제 23 표준대기압 하에서 엔탈피 70kcal/kg의 공기가 60m/s의 속도로 압축기에 들어가서 0.35MPa·abs, 103kcal/kg, 120m/s로 나올 때 450kg/h의 공기를 압축하는데 필요한 동력(kW)은 얼마인가?

① 3 kW ② 18 kW

③ 28 kW ④ 38 kW

풀 이

$$W=\frac{G(h_2-h_1)}{A}+G\left(\frac{V_2^2-V_1^2}{2g}\right)$$
$$=\frac{450}{3,600}\times 427(103-70)+\frac{450}{2\times 9.8\times 3,600}(120^2-60^2)$$
$$=1,832kg\,m/s$$
$$=\frac{1,832}{102}\,kW$$

정답 : ②

문제 24 유체가 30m/s의 속도로 노즐에 들어가 500m/s로 분출될 때 마찰과 열교환을 무시한다면 엔탈피 변화는 얼마인가?

① -29.7 kcal/kg ② 29.7 kcal/kg

③ -14.8 kcal/kg ④ 14.8 kcal/kg

풀 이

$$\triangle i=\frac{A(V_1^2-V_2^2)}{2\,g}=\frac{(30^2-500^2)}{2\times 9.8\times 427}=-29.7\,kcal/kg$$

정답 : ①

문제 25 이상기체의 단열 과정에 대한 다음 설명 중 옳은 것은?

① 내부에너지 변화가 없다. ② 엔트로피 변화가 없다.

③ 엔탈피 변화가 없다. ④ 일이 0이다.

풀 이

정답 : ②

문제 26 다음 과정 중 등엔트로피 과정은 어는 것인가?

① 교축 과정 ② 단열 과정

③ 정적 과정 ④ 정압 과정

풀 이

정답 : ②

문제 27 이상기체를 정압 하에서 가열하면 체적과 온도의 변화는 어떻게 되는가?

① 체적 증가, 온도 상승　② 체적 일정, 온도 일정
③ 체적 증가, 온도 상승　④ 체적 일정, 온도 상승

풀 이

정답 : ③

문제 28 다음 P-V선도에서 상태 변화에 따른 곡선의 모양이 맞는 것은?

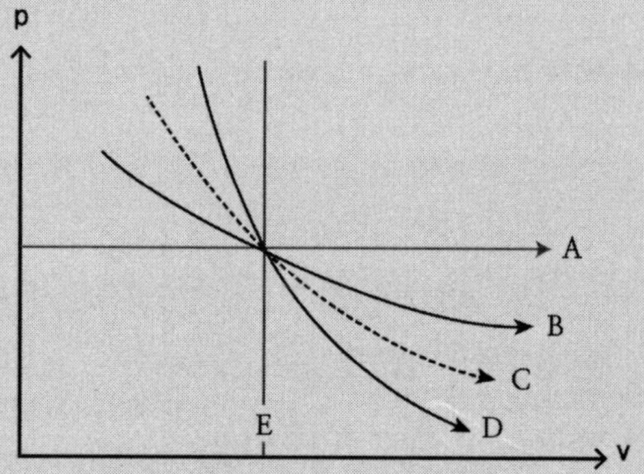

	정적변화	정압변화	등온변화	단열변화	폴리트로픽변화
①	E	A	C	B	D
②	E	A	B	C	D
③	E	A	B	D	C
④	E	A	D	B	C

풀 이

정답 : ②

문제 29 압력 2000Pa, 온도 40℃인 상태에 있는 산소의 비체적은 얼마인가?
(단, 산소의 기체상수는 26.49kgm/kg k이다.)

① $415m^3/kg$　② $35.6m^3/kg$
③ $0.415m^3/kg$　④ $0.126m^3/kg$

풀 이 $v=\frac{RT}{P}=\frac{26.49\times 313}{2\times 10^4}=0.415m^3/kg$

정답 : ③

문제 30 어떤 이상기체 1kg을 20℃에서 100℃까지 가열하는 데 200kcal가 필요하였다. 이 기체의 분자량이 2라면 정적비열과 정압비열은 각각 얼마인가?

① $C_v = 0.17, C_p = 0.24$　② $C_v = 1, C_p = 2.5$
③ $C_v = 2.5, C_p = 3.5$　④ $C_v = 3.5, C_p = 4.5$

풀 이

$$C_v = \frac{Q}{T_2 - T_1} = \frac{200}{373-293} = 2.5\,kcal/kg℃$$

$$C_p = \frac{1.986}{M} + C_v = \frac{1.986}{2} + 2.5 = 3.5\,kcal/kg℃$$

정답 : ③

문제 31 어떤 이상기체가 2ton의 탱크에 압력 0.2MPa, 온도 20℃인 상태로 채워져 있다. 이 기체의 압력을 3.5kg/cm^{2}으로 올리려면 얼마의 열량을 가해야 되겠는가?(단, 가스상수 47kgm/kg K, 비열 0.3341kcal/kg k이다.)

① 120.8 kcal　② 193.6 kcal
③ 215.9 kcal　④ 253.8 kcal

풀 이

$$T_2 = T_1\frac{P_2}{P_1} = 293 \times \frac{3.5\times10^4}{2\times10^4} = 495K$$

$$G = \frac{P_1V_1}{RT_1} = \frac{2\times10^4\times2}{47\times293} = 2.9kg$$

$$Q = GC_v(T_2 - T_1) = 2.9\times0.334(498-293) = 193.6kcal$$

정답 : ②

문제 32 공기 2kg을 압력 4kg/cm², 온도 400℃의 정압 하에서 체적이 $\frac{1}{2}$ 되기까지 가열하는 데 필요한 열량은 얼마인가? (공기의 정압비열은 0.24kcal/kg k, 정적비열 0.171kcal/kg k이다.)

① -131.3 kcal　② -123.5 kcal
③ -85.1 kcal　④ -63.9 kcal

풀 이

$$T_2 = T_1\frac{V_2}{V_1} = 673 \times \frac{0.5}{1} = 337K$$

$$Q = GC_p(T_2 - T_1) = 2\times0.24\times(337-673) = -131.3kcal$$

정답 : ①

문제 33 10000Pa, 200℃의 산소 1kg을 일정 압력 하에서 외부에 열을 방출하면서 체적이 처음의 $\frac{1}{2}$로 될 때까지 외부에 한 일량은 얼마인가?(단, 기체상수는 26.49kgm/kg k이다.)

① 6,137 kgm ② 6,184 kgm
③ 6,212 kgm ④ 6,265 kgm

풀 이

$$V_1 = \frac{GRT_1}{P_1} = \frac{1 \times 26.49 \times 473}{10 \times 10^4} = 0.1253 m^3$$

$$W = PV_1\left(1 - \frac{V_2}{V_1}\right)$$

$$= 100000 \times 0.1253 \times \left(1 - \frac{1}{2}\right) = 6,265\, kgm$$

정답 : ④

문제 34 공기 2kg을 압력 0.5MPa, 온도 200℃인 상태에서 압력 1kg/cm²의 상태까지 등온변화시킬 때 외부에 방출할 열량은 얼마인가?

① 45.1 kcal ② 52.2 kcal
③ 69.3 kcal ④ 78.1 kcal

풀 이

$$Q = AW = AR\ln\frac{P_1}{P_2} = \frac{1}{427} \times 29.27 \times 473 \ln\frac{5}{1} = 52.2\, kcal$$

정답 : ②

문제 35 1atm, 15℃에서 46.2g의 기체가 차지하는 체적이 40 ℓ 이다. 이 기체를 0.015m³까지 단열 압축했을 때 압력이 4.12kg/cm²가 되었다면 비열비는 얼마인가?

① 1.41 ② 1.44
③ 1.46 ④ 1.48

풀 이

$$\frac{P_2}{P_1} = \left(\frac{V_1}{V_2}\right)^k$$

$$k = \frac{\log P_2 - \log P_1}{\log V_1 - \log V_2} = \frac{\log 4.12 - \log 1.033}{\log 0.04 - \log 0.015} = 1.41$$

정답 : ①

문제 36 다음 중 엔트로피가 감소되는 경우는 어느 것인가?

① 얼음이 용해되는 과정
② 열기관이 연료의 공급을 받아 외부에 일을 하는 과정
③ 고열원에서 저열원으로 열이 이동되는 과정
④ 냉동실에서 저장 식품이 열을 빼앗기는 과정

풀 이

정답 : ④

문제 37 다음 엔트로피에 대한 설명 중 틀리 것은?

① 비가역 과정에서 엔트로피는 보통 증가한다.
② 가역 단열 과정에서는 엔트로피의 변화가 없다.
③ 압력-체적선도에서 엔트로피를 설명하는 것이 가장 편리하다.
④ 엔트로피는 증가 혹은 감소량을 구하게 된다.

풀 이

정답 : ③

문제 38 1kg의 공기가 압력 5kg/cm², 온도 280℃인 상태에서 압력 0.2MPa, 체적 0.5m³인 상태로 변했을 때 엔트로피의 변화를 산출하시오. (기체상수는 29.27kgm/kg K, 공기의 정압비열은 0.24kcal/kg k, 정적비열 0.171kcal/kg k이다.)

① −0.53 kcal/kg K ② −0.053 kcal/kg K
③ −0.0053 kcal/kg K ④ −0.00053 kcal/kg K

풀 이

$$T_2 = \frac{P_2 V_2}{R} = \frac{2\times 10^4 \times 0.5}{29.27} = 340K$$

$$S_2 - S_1 = C_p \ln\frac{T_2}{T_1} - AR\ \ln\frac{P_2}{P_1} = 0.24\times\ln\frac{340}{553} - \frac{29.27}{427}\times\ln\frac{2}{5}$$

$$= -0.053\,kcal/kgK$$

정답 : ②

문제 39 5kg의 공기가 온도 22℃의 정적 하에서 가열되어 엔트로피가 1kcal/kg k 증가했다면 외부로부터 가해진 열량은 얼마인가? (공기의 정압비열은 0.24kcal/kg k, 정적비열 0.171kcal/kg k이다.)

① 150kcal ② 240kcal
③ 470kcal ④ 560kcal

풀 이

$$\ln\frac{T_1}{T_2} = \frac{S_2 - S_1}{G\,C_v} = \frac{1}{5\times 0.171} = 1.17$$

$$\therefore \frac{T_2}{T_1} = 3.221$$

$$T_2 = 3.221\ T_1 = 3.221\times 295 = 350K$$

$$\therefore Q = GC_v(T_2 - T_1) = 5\times 0.171\times(950 - 295) = 560\,kcal$$

정답 : ④

문제 40 완전히 절연된 용기 내에 40℃의 물 1ton이 들어 있다. 이것을 교반 장치로 40,000kJ의 일을 해서 물을 교반시킨 결과 물의 온도가 올라갔다면 엔트로피의 변화는 얼마인가?

① 3.77 kJ/k ② 14.49 kcal/k
③ 3.77 kcal/k ④ 14.49 kJ/k

풀 이

$Q = GC(T_2 - T_1)$

$T_2 = \frac{40000}{1000 \times 1 \times 4.2} + 313 = 322.5K$

$S_1 = \frac{Q}{T} = \frac{40000}{313} = 127.8\,kJ/K$

$S_2 = \frac{Q}{T} = \frac{40000}{322.5} = 124.03\,kJ/K$

$\Delta S = S_1 - S_2 = 3.77\,kJ/K$

정답 : ①

문제 41 0℃와 50℃ 사이까지 역 카르노 사이클로 작동하는 열펌프가 고열원에서 3.6×10^5 kcal/h의 열을 공급하기 위한 동력이 100마력이라면 성적계수는 얼마인가?

① 1.35 ② 2.67
③ 4.48 ④ 6.46

풀 이

$\epsilon_h = \frac{T_1}{T_1 - T_2} = \frac{323}{50} = 6.46$

정답 : ④

문제 42 $2kg_m$의 질량체를 용수철 저울로 달았을 때 1.8kg의 무게를 가리켰다면 이 지방의 중력가속도는 얼마인가?

① $8.82m/s^2$ ② $9.8m/s^2$
③ $980m/s^2$ ④ 지방에 따라 다르므로 결정 할 수 없다.

풀 이

$g = \frac{1.8(kg)}{2(kg_m)} \times 9.8\ (kg_m m/kg_m s^2)$

$= 8.82\,m/s^2$

정답 : ①

문제 43 $10kg_m$의 질량체를 중력가속도가 $3m/s^2$인 수성에서 스프링저울로 달았다면 무게는 몇 kg이 되겠는가?

① 10 ② 3.06
③ 30 ④ 32.67

풀 이

$W = \frac{10(kg_m)}{9.8(kg_m m/kg\,s^2)} \times 3(m/s^2) = 3.06\,kg$

정답 : ②

문제 44 뉴턴 유체(Newtonian fluid)는 다음 법칙 중 어느 것을 만족시키는 유체인가? 단, F : 힘, τ : 전단응력, m : 질량, μ : 점성계수, u : 속도성분, a : 가속도, y : u 방향에 수직한 좌표, p : 압력, v_s : 비체적, R : 기체상수, T : 절대온도이다.

① $F=ma$　　② $pv_s=RT$

③ $\tau=\mu\dfrac{du}{dy}$　　④ $\tau=\mu\dfrac{du}{dy}+\tau_0$

풀 이

① 관성 법칙
② 이상기체 방정식
④ 이상소성체로 유체가 아니다.

정답 : ③

문제 45 유체역학을 학습할 때 유체거동의 수학적 모형화를 위하여 이상유체를 정의하는데, 다음 중 이상유체의 정의로 맞는 것은?

① 점성이 없고 비압축성인 유체
② 점성이 없는 모든 유체
③ 점성이 없고 $pv=RT$를 만족하는 유체
④ $\tau=\mu du/dy$를 만족하고 비압축성인 유체

풀 이

정답 : ①

문제 46 어떤 기름 0.5m^{3}의 무게가 400kg일 때 이 기름의 밀도는 몇 kg s^2/m^{4}인가?

① 81.6　　② 800

③ 0.8　　④ 200

풀 이

$\rho=\dfrac{\gamma}{g}=\dfrac{400/0.5}{9.8}=81.63\ kg\,s^2/m^4$

정답 : ①

문제 47 체적탄성계수는 다음 중 어느 것과 관계가 있는가?

① 온도에 무관하다.　　② $1/p$의 차원을 갖는다.

③ 압력과 더불어 증가한다.　　④ 압력과 점성에 무관하다.

풀 이

압력이 p일 때 체적 V인 유체에 압력을 Δp만큼 증가시켜 체적이 ΔV만큼 감소되었다면 이 유체의 체적탄성률은 $K=-\dfrac{\Delta p}{\Delta V/V}$로 정의한다.

정답 : ②

문제 48 공기의 기체상수가 29.27kg m/ $kg_m K$일 때 40℃, 압력 6kg/cm²abs에서의 밀도는 몇 kg s²/m⁴인가?

① 0.67 ② 6.55
③ 0.67×10^{-4} ④ 6.55×10^{-4}

풀 이

$$\rho=\frac{p}{RT}=\frac{60,000(kg/m^2)}{29.27(kg\,m/kg_m K)\times(273+40)K}=6.549\,kg_m/m^3$$
$$=\frac{6.549(kg_m/m^3)}{9.8(kg_m m/s^2\,kg)}=0.669\,kg\,s^2/m^4$$

정답 : ①

문제 49 상온, 상압에서 물의 체적을 1% 압축하는데 필요한 압력은 몇 MPa인가? 단 물의 체적탄성계수는 0.2105×10^5kg/cm²이다.

① 0.210×10^3 ② 0.21×102
③ 4.75×10^{-5} ④ 4.75×10^{-3}

풀 이

$$\Delta p=K(-\Delta V/V)=0.2105\times10^5\times0.01$$
$$=210.5\,kg/cm^2$$
$$=21.48\,MPa$$

정답 : ②

문제 50 70℃의 온수를 펌프로 퍼 올릴 수 있는 높이는 다음 중 어느 것이 가장 타당한가? 단 70℃에서 온수의 압력은 0.32kg/cm²abs, 대기압은 103.3kPa_abs라 가정하고, 물의 비중량은 1,000kg/m³이다.

① 7.13m ② 10.33m
③ 3.2m ④ 13.35m

풀 이

대기압

$$H_o=\frac{103.3\times10^2}{1000}10.33\,m$$

포화증기압

$$h_s=\frac{0.32\times10^4}{1,000}=3.2\,m$$

$$\therefore H_p=10.33-3.2=7.13\,m$$

정답 : ①

문제 51 F는 힘, L은 길이, M은 질량의 차원을 나타낼 때 표면장력의 차원으로 옳은 것은 어느 것인가?

① $M L^{-1}$　　② $F L^{-1}$
③ $M L^{-2}$　　④ $F L^{-2}$

풀 이 $\sigma = \frac{pd}{4}\ (N/m)$

표면장력차원　$FL^{-1} = MT^{-2}$

정답 : ②

문제 52 바늘을 잔잔한 물 위에 조심해서 올려놓으면 가라앉지 않고 뜬다. 바늘이 뜨는 이유와 가장 관계 있는 것은?

① 부력　　② 점성력
③ 응집력　　④ 표면장력

풀 이 점성력 : 움직이는 점성 유체의 접선으로부터 발생하는 단위부피 또는 단위질량당 힘

응집력 : 물질을 구성하고 있는 분자 또는 원자 간에 작용하는 인력(引力)

부착력 : 서로 성질이 다른 두 물질의 접촉면에 작용하는 분자 간 인력

정답 : ③

문제 53 다음 중 표면장력과 관계없는 것은?

① 바다에 파도가 인다.
② 모세관 현상
③ 비눗방울이 생긴다.
④ 대야에 물을 떠놓고 대야를 치면 미세한 파형이 생긴다.

풀 이 표면장력 : 액체 분자 상호 간에 서로 끄는 힘

모세관 현상 : 가는 관과 같은 통로를 따라 액체가 올라가거나 내려가는 것

정답 : ①

문제 54 2m×2m×2m의 입방체 용기 안에 비중 0.8인 기름이 가득 차 있다. 위의 뚜껑이 열렸다고 가정하면 밑면에서의 압력(kPa)과 힘(전압력, kN)은 각각 얼마인가? 단 물의 비중량은 1,000kg/m³이다.

① 63, 16　　② 16, 63
③ 6300, 2　　④ 2, 6300

풀 이 $p = \gamma h = 0.8 \times 1000 \times 2 = 1600\ kg/m^2 \fallingdotseq 16\,kPa$

$F = \gamma hA = 0.8 \times 9800 \times 2 \times 2 \times 2 = 62{,}720\ N$

정답 : ②

문제 55 밀폐된 용기 안에 비중 0.75인 기름이 들어 있고, 위 공간 부분은 공기가 들어 있다. 공기의 압력이 10kPa일 때 기름 표면으로부터 1.5m 깊이에 있는 점의 압력은 수주로 몇 m인가? 단 물의 비중은 1, 비중량은 9800N/m³이다.

① 0.102　　② 1.135
③ 12.025　　④ 11.127

풀 이

$$P=\frac{p_a}{\gamma_a}+\gamma_o h_o$$
$$=\frac{10\times10^2}{9{,}800}+\frac{9{,}800\times0.75\times1.5}{1{,}000}=11.127\,kPa=1.135\,mAq$$

정답 : ②

문제 56 비중 2.94인 액체 150mm 위에 물이 20cm 떠 있는 액주에 해당하는 압력은 몇 kg/m² 인가?

① 64.1　　② 641
③ 0.641　　④ 6.41

풀 이

$$P=\frac{p_a}{\gamma_a}+\gamma_w h_w$$
$$=0.15\times1000\times2.94+0.20\times1000=641\,kg/m^2$$

정답 : ②

문제 57 다음 대기압에 관한 설명 중 맞는 것을 골라 보시오.

① 국소대기압은 항상 표준대기압보다 낮다.
② 국소대기압은 그 지방의 고도에 의해서만 결정된다.
③ 표준대기압은 해면에서의 국소대기압의 평균값이다.
④ 표준대기압은 수은주로 10.3323m 이다.

풀 이

정답 : ③

문제 58 국소대기압이 수은주로 710mm일 때, 76 Torr의 진공과 같은 압력은 몇 kg/cm²abs인가? 단, 수은의 비중은 13.6 이다.

① 9.6　　② 8.6
③ 0.96　　④ 0.86

풀 이

$$P_a=P_o-P_v=\frac{710}{760}\times1.0332-\frac{76}{760}\times1.0332=0.86\,kg/cm^2$$

정답 : ④

문제 59 국소대기압이 710mmHg일 때 절대 압력 0.5kg/cm²abs는 계기압력으로 얼마인가? 단, 수은의 비중은 13.6 이다.

① 53.3 kg/cm² 진공
② 0.533 kg/cm²
③ 46.56 kPa 진공
④ 0.4656 kg/cm²

풀 이

$$p_{gauge} = p_{abs} - p_0$$
$$= 0.5 - \left(71cm \times \frac{13.6}{1000} kg/cm^3\right)$$
$$= -0.4656(kg/cm^2) \fallingdotseq 46.56\ kPa \text{ 진공}$$

정답 : ③

문제 60 다음 중 부력에 대한 설명으로 적당한 것은?

① 물체를 둘러싸고 있는 유체에 의하여 물체 표면에 작용하는 결과력이다.
② 유체에 의하여 부양체 표면에 작용하는 결과력이다.
③ 유체 속에 잠겨 있는 물체를 평행 시키는데 필요한 힘이다.
④ 물체에 의하여 배제된 유체의 체적이다.

풀 이

정답 : ①

문제 61 부양체에 대한 다음 설명 중 맞는 것은?

① 경심이 부양체의 중심과 일치할 때만 안정하다.
② 부양체의 중심이 부심보다 아래에 있을 때만 안정하다.
③ 부양체의 중심 부심과 일치할 때만 안정하다.
④ 경심이 부양체의 중심보다 아래에 있지 않을 때만 안정하다.

풀 이

정답 : ④

문제 62 다음 중 가역 과정에 필요한 사항과 일치하는 것은?

① 계와 외계와의 열교환이 없다.
② 뉴턴의 점성법칙이 만족된다.
③ 계와 외계의 온도가 같다.
④ 점성이나 column 마찰이 없다.

풀 이

정답 : ④

문제 63 다음 중 층류를 설명한 것으로 맞지 않는 것은?

① 유체의 입자들이 서로 층의 상태로 미끄러지면서 흐른다.
② 유체의 입자들이 서로 층을 형성하여 평행으로 층 사이에 미끄럼이 없이 흐른다.
③ 유체의 점자들이 모두 열을 지으면서 질서정연하게 흐른다.
④ 뉴턴의 점성법칙에 지배되는 유동이다.

풀 이 층류는 유체의 입자들이 층을 형성하여 질서정연한 흐름일 뿐, 층 사이에 미끄럼이 없어야 한다는 제약을 받지 않는다.

정답 : ②

문제 64 이상유체에 대한 다음 설명 중 옳은 것은?

① 점성이 극히 많은 유체이다.
② 뉴턴의 점성법칙을 만족시키는 유체이다.
③ 점성이 없는 유체이다.
④ 점성이 없고 비압축성인 유체이다.

풀 이

정답 : ④

문제 65 연속방정식에 대하여 바르게 설명한 것은?

① 유체의 모든 입자에 뉴턴의 관성의 법칙을 적용시킨 방정식이다.
② 에너지와 일 사이의 관계를 나타낸 방정식이다.
③ 유체를 연속체라 가정하고 탄성역학의 후크의 법칙을 적용한 방정식이다.
④ 질량보존의 법칙을 유체 유동에 적용한 방정식이다.

풀 이

정답 : ④

문제 66 다음 중 실제유체나 이상유체 어느 것이나 적용될 수 있는 것끼리 바르게 짝지어진 것은?

1. 뉴턴의 점성법칙　　2. 뉴턴의 운동 제2법칙　　3. 연속방정식
4. $\tau = (\mu + \eta) dV/dy$　　5. 고체경계면에서 접선 속도가 0이다.
6. 고체 경계면에서 경계면에 수직한 속도 성분이 0이다.

① 1, 2, 3　　② 1, 3, 6
③ 2, 3, 5　　④ 2, 3, 6

풀 이

정답 : ④

문제 67 안지름 600mm의 파이프에 비중 0.8인 기름이 평균 4m/s의 속도로 흐를 때, 유량은 몇 $kg/\min$인가?

① 0.85　② 3.4
③ 5.6　④ 2.8

풀 이 $Q_m = \rho A V = \dfrac{1000\times 0.8}{9.8}\times \dfrac{\pi}{4}\times 0.1^2\times 4\times 60 = 153.8\, kg/\min$

정답 : ④

문제 68 다음 중 베르누이 방정식 $p/r + V^2/2g + z = H$를 적용할 수 있는 가정은?

① 정상, 뉴턴 유체, 비압축성, 유선을 따라서
② 정상, 무마찰, 비압축성, 유선을 따라서
③ 정상, 무마찰, 비압축성, 유선에는 제한이 없음
④ 정상, 비정상, 무마찰, 유선을 따라서

풀 이 Euler의 운동방정식을 압력이 일정하다는 가정하에서 적분한 식이 Bernoulli's equation이다.

정답 : ②

문제 69 피처가 야구공을 오른쪽 그림과 같이 회전시켜 수평으로 던졌을 때 야구공의 진로는 어떻게 되는가? 단, 그림에서 정면의 수평면으로 가정한다.

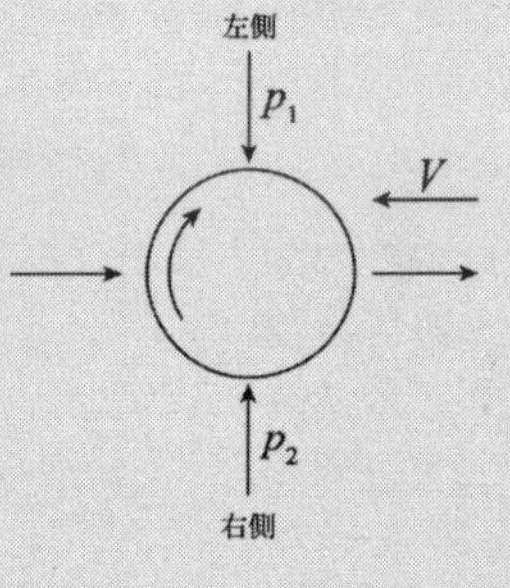

① 야구공은 위로 구부러진다.
② 야구공은 아래로 구부러진다.
③ 야구공은 좌측으로 구부러진다.
④ 야구공은 우측으로 구부러진다.

풀 이 공의 좌측에서는 주 속도와 공기 속도 V(공의 속도)가 서로 상쇄되어 기류 속도는 감소되나, 우측에서는 서로 중첩되어 기류 속도는 증가하므로 베르누이의 정의에 의하여 $p_1 > p_2$ 가 되어 공은 좌측으로 구부러진다.

정답 : ③

문제 70 관내에서 유체가 흐를 때 유동이 난류라면 수두 손실은 어떻게 되는가?

① 속도에 정비례한다.
② 속도의 제곱에 반비례한다.
③ 지름의 제곱에 반비례하고 속도에 정비례한다.
④ 대략 속도의 제곱에 비례한다.

풀 이 $h_L = f\,\frac{L}{d}\frac{V^2}{2g}$

정답 : ④

문제 71 파이프 내에서 유체가 정상 층류 유동을 할 때 가장 중요한 힘은 다음 중 어느 것인가?

① 관성력과 점성력　　② 압력과 점성력
③ 압력과 중력　　④ 관성력과 압력

풀 이

정답 : ①

문제 72 상 임계 레이놀즈수란 무엇을 의미하는가?

① 관로설계에서 매우 중요한 수이다.
② 난류가 층류로 전환될 때의 레이놀즈수이다.
③ 대략 2000 정도이다.
④ 관로 문제 해결에 실질적으로 그리 중요하지 않은 수이다.

풀 이 상 임계 레이놀즈수는 층류에서 난류로 바꾸어지는 레이놀즈수이며, 실험 조건에 따라 많은 차이가 있으나 매끈한 관에 대하여 약 4000이다.

정답 : ④

문제 73 유로 단면이 30cm×15cm인 폐유로에 액체가 가득 차 흐른다면 수력 지름은 얼마인가?

① 50mm　　② 200mm
③ 100mm　　④ 150mm

풀 이 수력 반지름 $R = \frac{30 \times 15}{2(30+15)} = 5cm$

수력 지름 $D = 4R = 20cm$

정답 : ②

문제 74 동점계수가 $1\times10^{-4}m^2/s$의 기름이 안지름 50mm의 관을 1.5m/s의 속도로 흐를 경우 마찰계수는 어느 정도인가?

① 0.0853 ② 0.043
③ 0.001 ④ 0.002

풀 이

$$R_e = \frac{VD}{\nu} = \frac{1.5\times50\times10^{-3}}{1\times10^{-4}} = 750 < 3200$$

이 유동은 층류이므로 다음과 같이 산출된다.

$$f = \frac{64}{R} = \frac{64}{750} = 0.0853$$

정답 : ①

문제 75 피토우 정압관은 다음 중 무엇을 측정하는 장치인가?

① 정압 ② 동압
③ 총압 ④ 정압과 동압과의 차

풀 이

정답 : ②

문제 76 잔잔히 흐르는 강에 깊이 6m 지점에 물체를 고정시키고 물체 표면에 작용하는 압력을 측정한 결과 최대 68kPa의 압력을 받았다면 이 깊이에서 흐르는 물의 속도는 얼마인가?

① 1.26m/s ② 3.96m/s
③ 11.5m/s ④ 36.9m/s

풀 이

$$p = \gamma h + \frac{\gamma V^2}{2g}$$

$$V = \sqrt{\frac{2\times(0.68-0.6)\times10^4}{1000/9.8}} = 3.96\ m/s$$

정답 : ②

문제 77 다음 중 유체를 가장 잘 설명한 것은?

① 비압축성 물질이다.
② 압축성 물질이다.
③ 유체는 전단응력이 작용하지 않는다.
④ 유체는 아무리 작은 접선력에도 연속적으로 저항할 수 없는 것이다.

풀 이

정답 : ④

문제 78 안지름이 6mm인 액주계에 의하여 어떤 용기의 압력을 측정한 결과 수주 54.5cm를 얻었다. 액주계의 모세관 현상을 고려할 때 실제의 압력은 얼마인가?(단, 액주계의 접촉각은 9°이며, 표면장력은 0.742×10^{-3} N/cm이다.)

① 549.98mmAq ② 549.98cmAq
③ 540.02mmAq ④ 540.02cmAq

풀 이

$$h=\frac{4\sigma\cos\theta}{rd}=\frac{4\times0.742\times10^{-3}\times\cos9°}{10^3\times6\times10^{-3}}=4.98\times10^{-3}\,m=4.98\,mm$$

$$\therefore \Delta h=545-4.98=540.02\,mmAq$$

정답 : ③

문제 79 20℃의 대기 중에 지름이 1mm인 수은구가 있을 때 그 내부 압력은 얼마인가? 단, 수은의 표면장력은 $0.4714N/m$이다.

① 192 kg/cm^2 ② 1885.6 Pa
③ 96.2 N/m^2 ④ 942.8 Pa

풀 이

$$p=\frac{4\,\sigma}{d}=\frac{4\times0.4714}{1\times10^{-3}}=1,885.6\,N/m^2=192.4\,kg/m^2$$

정답 : ②

문제 80 정지하고 있는 액체에 대한 설명 중 틀린 것은?

① 정지 액체와 접하고 있는 면에 가해진 압력은 그 면에 수직하게 작용한다.
② 밀폐용기 중의 정지 액체의 한쪽에 가해진 압력은 액체 내의 여러 부분에 동일한 압력으로 전달된다.
③ 정지 액체가 그 중량에 의해 용기의 면에 미치는 압력은 액면의 높이로 결정되고 용기의 형상에는 무관하다.
④ 정지 액체의 한 점에서의 압력의 크기는 방향에 따라 다르다.

풀 이

정답 : ④

문제 81 어느 바닷속의 압력이 967bar이었다면 이 바닥의 깊이는 얼마나 되는가? 단, 바닷물의 비중은 1.025이다.

① 9.62 nmile ② 9,620 m
③ 9.62 mil ④ 9,620 km

풀 이

$$h=\frac{p}{\gamma}=\frac{967\times10,332.5}{1000\times1.025\times1.01325}=9,620\,m\fallingdotseq9.62\,km$$

1 nmile(해리) = 1,852 m

1 mi = 1760 yd = 1.6 km

정답 : ②

문제 82 어떤 완전기체의 압력이 20N/cm², 온도가 45℃이고, 비체적이 480ℓ일 때 이 기체의 기체상수는 얼마인가?

① 302 kgm/kg K ② 302 J/kg K
③ 30.8 J/kg K ④ 30.8 Nm/kg K

풀 이

$$R=\frac{PV}{T}=\frac{20\times10^4\times0.48}{9.8\times(273+45)}=30.8\,kgm/kgK$$

OR

$$R=\frac{PV}{T}=\frac{20\times10^4\times0.48}{(273+45)}=301.9\,J/kgK$$

정답 : ②

문제 83 유체 속에 잠겨진 물체에 작용되는 부력에 대한 설명으로 맞는 것은?

① 물체의 중력과 같다.
② 물체의 중력보다 크다.
③ 그 물체에 의해서 배제된 액체의 무게와 같다.
④ 유체의 비중량과는 관계가 없다.

풀 이 아르키메데스의 원리로 유체 속에 잠긴 물체는 그 물체에 의해서 배제된 유체의 무게와 같은 부력을 받는다.

정답 : ③

문제 84 유체의 연속방정식(continuity equation)에 대한 설명 중 옳은 것은?

① 뉴턴의 제2법칙을 만족시키는 방적식이다.
② 에너지와 일과의 관계를 나타내는 방정식이다.
③ 유선상의 두 점에서의 단위 체적당 모멘텀에 관한 방정식이다.
④ 질량보존의 법칙을 만족시키는 방정식이다.

풀 이 연속방정식은 질량보존의 법칙으로부터 유도된 방정식이다.

정답 : ④

문제 85 지름이 20cm인 수직 원통형 탱크에 물이 가득 차 있다. 이 탱크의 중앙 하단에 연결된 20mm 지름의 원관을 통하여 물이 2m/s로 유출된다면 탱크 수면의 하강 속도는 얼마인가?

① 2m/s ② 0.2m/s
③ 0.02m/s ④ 20m/s

풀 이

$$V_1=V_2\frac{A_2}{A_1}=V_2\left(\frac{d_2}{d_1}\right)^2=2\times\left(\frac{20}{200}\right)^2=0.02\,m/s$$

정답 : ③

문제 86 레이놀즈수에 대한 설명 중 맞는 것은?

① 정상류와 비정상류를 구별하는 척도가 된다.
② 등류와 비등류를 구별하는 척도가 된다.
③ 층류와 난류를 구별하는 척도가 된다.
④ 실제유체와 이상유체를 구별하는 척도가 된다.

풀 이 레이놀즈 실험은 층류와 난류의 구별을 하여 주는 척도가 되었으며, Re<2100에서는 층류, Re>4000에서는 난류의 성질을 갖게 된다.

정답 : ③

문제 87 지름이 10cm인 원관 속에 비중이 0.85인 기름이 10ℓ/s의 비율로 흐르고 있다. 이 기름의 동점성계수가 $1\times10^{-4}\ m^2/s$일 때 이 흐름의 상태는?

① 층류 ② 난류
③ 천이구역 ④ 비정상류

풀 이

$$V=\frac{Q}{A}=0.01\times\frac{4}{\pi\times0.1^2}=1.27m/s$$

$$R_e=\frac{Vd}{\nu}=\frac{1.27\times0.1}{1\times10^{-4}}=1270<2100$$

정답 : ①

문제 88 다음 중 뉴턴의 점성법칙과 관계있는 것은?

① 전단응력-점성계수-속도구배 ② 전단응력-동점성계수-속도
③ 전단응력-점성계수-압력 ④ 온도-점성계수-속도구배

풀 이 뉴턴의 점성법칙

$$\tau=\mu\frac{du}{dy}$$

정답 : ①

종 합 문 제
[주관식]

문제 1 어떤 이상기체가 압력 1.6MPa, 체적 1000ℓ인 상태에서 등온팽창에 의하여 체적이 4배로 되었을 때 다음을 구하시오.
① 팽창 후의 압력(kg/cm^2)
② 외부에 한 절대일량(kJ)
③ 외부에서 받은 열량(kcal)

풀 이

① $P_2 = P_2 \dfrac{V_1}{V_2} = 16 \times 10^4 \times \dfrac{1}{4} = 4 \times 10^4 \, kg/cm^2$

② $W = GRT \ln \dfrac{V_2}{V_1} = P_1 V_1 \ln \dfrac{V_2}{V_1} = 16 \times 10^4 \times 1 \times \ln \dfrac{4}{1} = 2.22 \times 10^5 kgm$

$= \dfrac{2.22 \times 10^5}{427} \times 4.2 = 2183.6 kJ$

③ $Q = AW = \dfrac{222000}{427} = 520 \, kcal$

문제 2 공기 1kg이 체적 850ℓ, 압력 10.33mAq인 상태에서 온도 273℃인 상태로 변화하였다. 이 동안의 온도 상승은 얼마인가?(단, 공기의 가스 상수는 29.27kg・m/kg K이다)

풀 이

$T_1 = \dfrac{P_1 v_1}{R} = \dfrac{10330 \times 0.85}{29.27} = 300K$

$\therefore T_2 - T_1 = (273 + 273) - 300 = 246K$

문제 3 체적 $1m^3$, 온도 20℃의 상태에 있는 기체가 일정 압력하에서 $5m^3$까지 팽창될 때 다음을 각각 계신하시오. 기체상수는 29.45kgm/kg K이다. (기체의 정압비열은 0.2kcal/kg k, 정적 비열 0.17kcal/kg k이다.)
① 변화 후의 온도(℃) ② 가열량(kcal) ③ 절대일량(kgm)

풀 이

① $T_2 = T_1 \dfrac{V_2}{V_1} = 293 \times \dfrac{5}{1} = 1465K = 1172℃$

② $Q = C_p(T_2 - T_1) = 0.2(1465 - 293) = 234 \, kcal$

③ $W = R(T_2 - T_1) = 29.45 \times (1465 - 293) \fallingdotseq 34527 \, kgm$

문제 4 다음 그림과 같이 비중이 1.59인 CCl_4가 담겨진 용기에 경사액주계를 30° 각도로 설치하고, 여기에 700kg/m²의 압력을 가했을 때 l을 계산하시오.(단, 공기의 무게는 무시한다.)

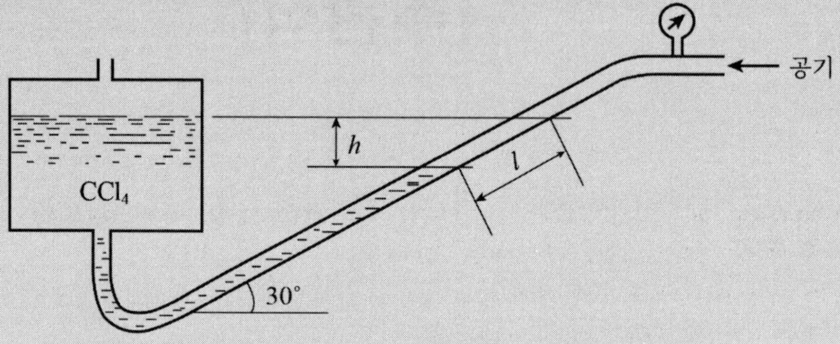

풀 이

$$p=\gamma h=\gamma l\sin\theta$$

$$\therefore l=\frac{p}{\gamma\sin\theta}$$

$$=\frac{7\times10^3}{1.59\times9800\times0.5}=0.898\,m$$

정답 : 89.8cm

문제 5 대기압, 20℃의 가스 4.5m³을 충전하여 15MPa로 하는데 내용적 몇 ℓ의 용기가 필요한가?

풀 이

$$V=\frac{Q}{10P+1}=\frac{4.5\times1000}{15\times9.8+1}=30.8\,\ell$$

문제 6 내용적 40ℓ의 고압 용기에 30℃에서 150기압(절대압)의 산소가 충전되어 있다. 용기 내의 산소 질량(kg)은?

풀 이

$$V_1=\frac{T_1}{T_2}\frac{P_2V_2}{P_1}=\frac{273}{(273+30)}\times\frac{150\times40}{1}=5{,}406\,\ell$$

$$G=32\times\frac{5{,}406}{22.4}=7{,}720\,g=7.72kg$$

문제 7 프로판 1kg은 35℃, 0atm(게이지압)에서는 체적이 몇 ℓ인가?

풀 이

$$V_2=\frac{T_2}{T_1}\frac{P_1V_1}{P_2}=\frac{(273+35)}{273}\times\frac{1\times1{,}000\times22.4}{44}=547\,\ell$$

문제 8 온도 20℃에서 프로판 60mol%, 부탄 40mol%를 함유한 혼합물의 증기압을 구하시오.(단, 프로판의 압력 $0.83MPa$, 부탄의 압력 $0.21MPa$이다)

풀 이 $P_M = P_P \times v_p + P_B \times v_b = 0.83 \times 0.6 + 0.21 \times 0.4 = 0.582MPa$

문제 9 표준 상태에서 3g의 산소가스가 100℃, 0.2MPa 상태에서 차지하는 체적(m^3)은 얼마인가?

풀 이 $V_2 = \dfrac{P_1 V_1 T_2}{P_2 T_1} = \dfrac{0.1 \times (3 \times 22.4) \times (273+100)}{0.2 \times 273} = 45.9\ \ell = 0.0459\ m^3$

문제 10 20℃, 1기압의 수소가 1m^3이 있는데 압력은 변하지 않고 온도가 333K로 되었다고 하면 수소의 체적은 몇 m^3인가?

풀 이 $V_2 = V_1 \dfrac{T_2}{T_1} = 1 \times \dfrac{333}{(273+20)} = 1.136\ m^3$

문제 11 관 지름 20mm인 가스배관에서 하중 7,000N이 작용할 때 응력(MPa)을 구하시오.

풀 이 $\sigma = \dfrac{4W}{\pi d^2} = \dfrac{4 \times 7{,}000}{\pi \times 0.02^2} = 22{,}290{,}000\ N/m^2 = 22.29MPa$

문제 12 안지름 10cm인 원통형 용기의 뚜껑이 6개의 볼트로 조여져 있다. 가스 압력이 1.5MPa가 걸릴 때 볼트 1개가 받는 하중은 얼마인가?

풀 이 $W = AP = \dfrac{\pi}{4} \times 0.1^2 \times 1.5 \times 10^6 \times \dfrac{1}{6} = 1{,}962.5\ N/\text{개}$

문제 13 단동 왕복펌프의 플런저 지름이 200mm, 행정 300mm, 매분 왕복횟수 90, 체적 효율 95%일 때, 펌프의 양수량을 구하시오. 또, 펌프의 전양정 40m, 효율 80%일 때 축동력(ps)을 구하시오.

풀 이 $Q_{th} = A\,\ell\,n\,Z\,\eta_v = \dfrac{\pi\,\ell\,n\,d^2}{4 \times 60}\,\eta_v = \dfrac{\pi \times 0.2^2 \times 0.3 \times 90 \times 0.95}{4 \times 60} ≒ 1.34 \times 10^{-2}\ m^3/s$

$$L_{ps} = \dfrac{\gamma QH}{75\,\eta} = \dfrac{1{,}000 \times 1.34 \times 10^{-2} \times 40}{75 \times 0.8} ≒ 8.93\ ps$$

문제 14 안지름 50cm, 두께 5mm의 강제 원통형 용기를 수압 시험할 때 파괴압력을 측정하기 위한 압력계(부르돈관식)의 최고눈금은 얼마의 것을 사용해야 하는가? 단, 재료의 인장강도는 500MPa이다.

풀 이 $P = \frac{2\,t\,\sigma}{d} = \frac{2 \times 0.5 \times 500}{50} = 10MPa$

이 원통의 파괴압력은 10MPa이므로 측정하고자 하는 압력계의 눈금범위는 이것의 2배인 20MPa의 압력계를 쓰는 것이 적당하다.

문제 15 송출유량 1.5m^3/min, 펌프의 전효율 72%, 축동력을 102ps로 할 때 이 펌프의 전양정은 얼마로 하면 되는가?

풀 이 $H = \frac{75\,\eta\,L_w}{\gamma\,Q} = \frac{75 \times 60 \times 0.72 \times 102}{1{,}000 \times 1.5} = 220\,m$

문제 16 배관의 마찰저항에 따른 압력 손실 H를 수주로 나타낼 때 이론 및 실험결과에 따른 H의 실용 공식에 대하여 설명하시오.
단, ℓ : 관 길이(m) d : 관 내경(m) v : 평균유속(m/s) g : 중력가속도(m/s^2)

풀 이 $H = f\frac{\ell}{k} \cdot \frac{v^2}{2g}\,(m)$ 원형관일 때 접수 길이 $k = \frac{\text{관 단면적}}{\text{관 내주길이}} = \frac{\frac{\pi d^2}{4}}{\pi d} = \frac{d}{4}$

$H = 4f\frac{\ell}{d} \cdot \frac{v^2}{2g}\,(m)$

문제 17 송풍기 전압 2kPa, 풍량 12m^3/min로 하고 전압 효율을 50%로 하기 위한 축동력은 몇 ps로 해야 하는가?

풀 이 $L = \frac{P\,Q}{75\,\eta} = \frac{200 \times 12}{75 \times 60 \times 0.50} = 1.07\,ps$

문제 18 액화가스 비중이 0.8, 배관 지름이 50mm, 유량이 15ton/h일 때 관 내의 평균 유속은 몇 m/s 인가?

풀 이 $V = \frac{4Q}{\pi\,d^2} = 4 \times \frac{\frac{15}{3600}}{0.8 \times \pi \times 0.05^2} = 2.66\,m/s$

문제 19 1기압 25℃에서 어떤 이상기체의 부피가 88mℓ이었다. 표준 상태에서 부피는 얼마인가?

풀 이 $V_2 = V_1\,\frac{T_2}{T_1} = 88 \times \frac{273}{(273+25)} = 80.6\,m\ell$

문제 20 산소가 충전된 용기의 온도가 15℃일 때 압력이 15MPa이었다. 이 용기가 직사광선을 받아 40℃로 상승되었다면 압력은 몇 MPa가 되겠는가?

풀 이

$$P_2 = \frac{P_1 T_2}{T_1} = \frac{(15+0.1)\times(273+40)}{(15+273)} = 16.4\,MPa$$

문제 21 20℃에서 12MPa의 압력으로 100kg의 O_2를 충전하려면 용기의 부피는 몇 m^3이 필요한가?

풀 이

$$V = \frac{GRT}{P} = \frac{100\times 0.082\times(273+20)}{32\times(120+1.033)} = 0.62\,m^3$$

문제 22 산소 용기에 부착된 압력계가 20℃에서 10MPa를 나타냈다. 온도가 상승하여 40℃가 되었을 때 나타내는 압력을 구하시오.

풀 이

$$P = \frac{(10+0.10132)\times(273+40)}{273+20} \fallingdotseq 10.79\,MPa$$

문제 23 관 높이가 2m, 관내 유속이 2m/s, 배관에 설치된 압력계의 압력이 200kPa일 때 수주로는 몇 m인가?

풀 이

$$H = Z + \frac{V^2}{2g} + \frac{P}{\gamma} = 2 + \frac{2^2}{2\times 9.8} + \frac{200\times 101.97}{1{,}000} = 22.2\,m$$

문제 24 용기 내의 기체 압력이 20℃에서 500kPa이었다. 40℃로 온도 상승 시 압력을 mmHg로 계산하시오.

풀 이

$$P_2 = P_1\,\frac{T_2}{T_1} = (5+1)\times\frac{(273+20)}{(273+40)}\times\frac{760}{1.0332} = 4{,}714.7\,mmHg$$

문제 25 지름이 10cm인 관 속에 공기가 흐르고 있다. 공기의 압력이 993 mbar_abs이고, 온도가 127℃일 때 층류의 상태로 흐를 수 있는 최대 유량은 얼마인가? 공기의 동점성계수는 $2.59\times10^{-5}\ m^2/s$이다.

풀 이

$$R_{ec} = \frac{V_c\,d}{\nu}$$

$$\begin{aligned} Q_{\max} &= A\,V_c = \frac{\pi d^2}{4}\,\frac{R_{ec}\,\nu}{d} \\ &= \frac{\pi}{4}(0.1)^2\times\frac{2100\times 2.59\times10^{-5}}{0.1}\times 3600 \\ &= 15.5\,m^3/h \end{aligned}$$

문제 26 그림과 같은 사이펀 관에서의 유량이 4.8m³/min일 때, 이 사이펀에서 손실 수두는 얼마인가?

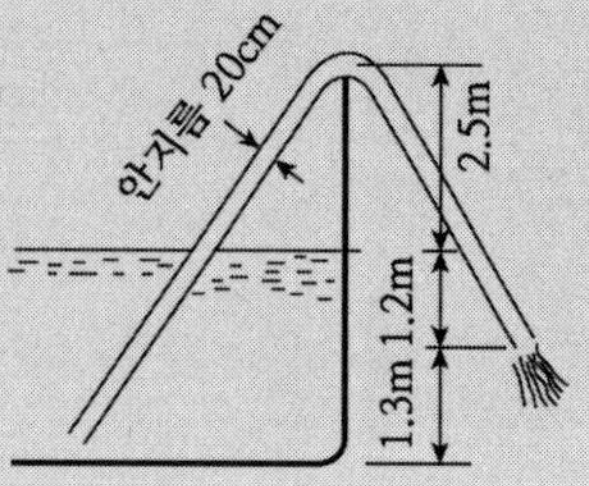

풀 이

$$\frac{V_1^2}{2g}+\frac{p_1}{\gamma}+z_1=\frac{V_2^2}{2g}+\frac{p_2}{\gamma}+z_2+H_L$$

$$V_1=0,\ z_1=0,\ z_2=-1.2,\ p_1=p_2=0$$

$$V_2=\frac{4.8}{\pi\times0.1^2}\times0.6=2.55m/s$$

$$H_L=1.2-\frac{2.55^2}{2\times9.8}=0.87m$$

문제 27 그림과 같이 축소된 통로에 물이 흐르고 있다. 두 압력계의 읽음이 같게 되는 지름은 얼마인가?

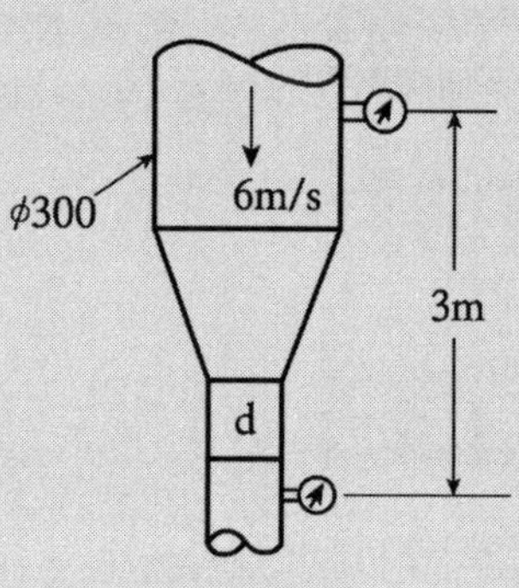

풀 이

$$\frac{6^2}{2g}+\frac{P_1}{\gamma}+3=\frac{V_2^2}{2g}+\frac{P_2}{\gamma}+0$$

$$\frac{p_1}{\gamma}=\frac{p_2}{\gamma}$$

$$V_2^2=36+3\times2\times9.8=94.8(m/s)^2$$

$$Q=A_1V_1=A_2V_2$$

$$\frac{\pi}{4}\times0.3^2\times6=\frac{\pi d^2}{4}\sqrt{94.8}$$

$$\therefore d=23.55cm$$

문제 28 그림과 같은 마노미터에서 A점과 B점의 압력차는 얼마인가?

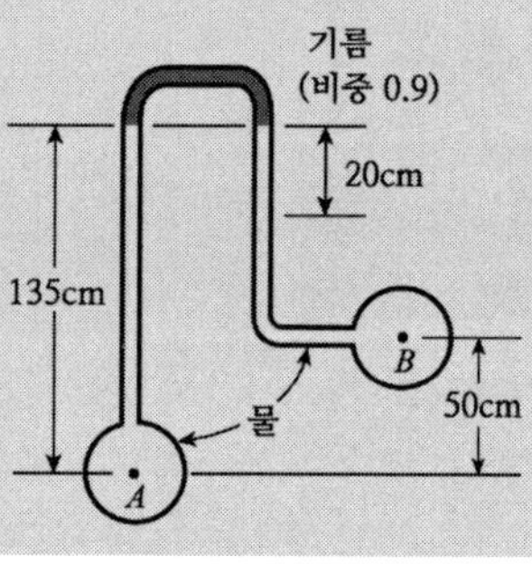

풀 이

$$\begin{aligned}P_A-P_B&=\gamma\Delta h\\&=9800\{(1.35-0.65)-0.9\times0.2\}\\&=5,096N/m^2\end{aligned}$$

문제 29 그림에서 압력계 P가 $0.4MPa$를 나타낼 때 공기에 의한 P_1의 절대압력은 얼마인가? (단, 대기압은 $980\,mbar$로 한다.)

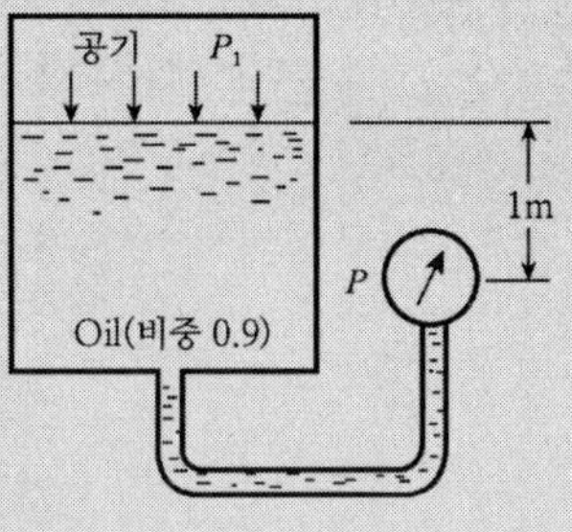

풀 이

$$P_1 = P - \gamma h$$
$$= 0.4 \times 9.8 \times 10^4 - 0.9 \times 10^3 \times 1 = 38{,}300\,kg/m^2$$

$$\therefore P_{1abs} = P_g + P_1$$
$$= 980 \times \frac{1.0332}{1{,}013} + 3.83$$
$$= 4.83\,kg/cm^2$$

문제 30 그림과 같은 마노미터에서 A점과 B점의 압력차는 얼마인가?

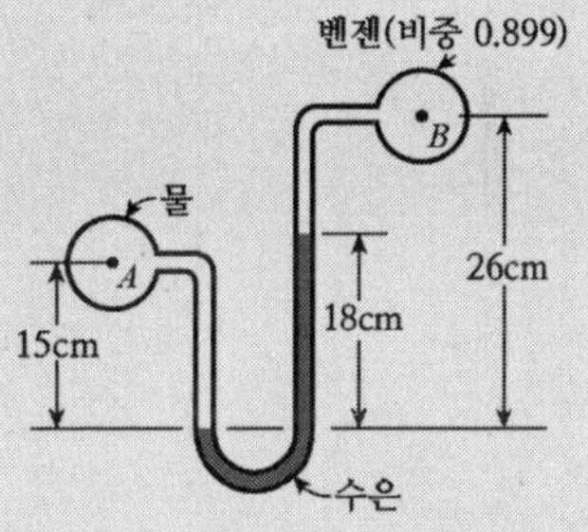

풀 이

$$p_A - p_B = 0.899 \times 10^3 (0.26 - 0.18) + 13.6 \times 10^3 \times 0.18 - 0.15 \times 10^3$$
$$= 2370\,kg/m^2$$
$$= 0.237\,kg/cm^2$$
$$= 0.232 bar$$

문제 31 체적이 280ℓ 용기에 온도 5℃인 CO_2 가스 22.5N이 가득 차 있다면 이 가스의 압력은 얼마인가?

풀 이

$$R = \frac{848}{44} = 19.27\,kgm/kgK$$
$$\gamma = \frac{W}{V} = \frac{22.5/9.8}{0.280} = 8.2\,kg/m^3$$
$$p = \gamma R T = 8.2 \times 19.27 \times (273 + 5)$$
$$= 43{,}926.3\,kg/m^2$$
$$= 430.478\,kPa$$

OR

$$R = \frac{8.3143}{44} = 188.96 J/kgK$$
$$\rho = \frac{W}{gV} = \frac{22.5}{9.8 \times 0.280} = 8.2\,kg/m^3$$

$$p = \rho R T = 8.2 \times 188.96 \times (273 + 5)$$
$$= 430{,}753 N/m^2$$
$$= 430.753\,kPa$$

문제 32 그림과 같은 마노미터에서 A점의 압력은 얼마인가?

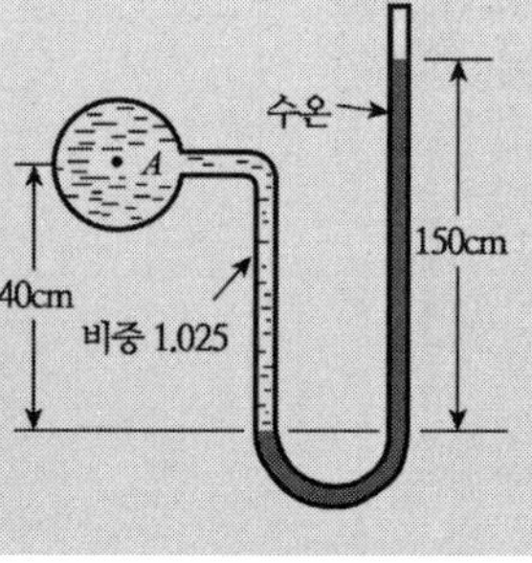

풀 이

$$p_A = \gamma_1 h_1 - \gamma_2 h_2 = 13.6 \times 1000 \times 1.5 - 0.4 \times 1.025 \times 1000$$
$$= 19{,}990\, kg/m^2$$
$$= 1.99\, kg/cm^2$$
$$= 0.203\, MPa$$

문제 33 그림에서 p_0에 표준 대기압이 작용하고 있다면 B점의 압력은 얼마인가?

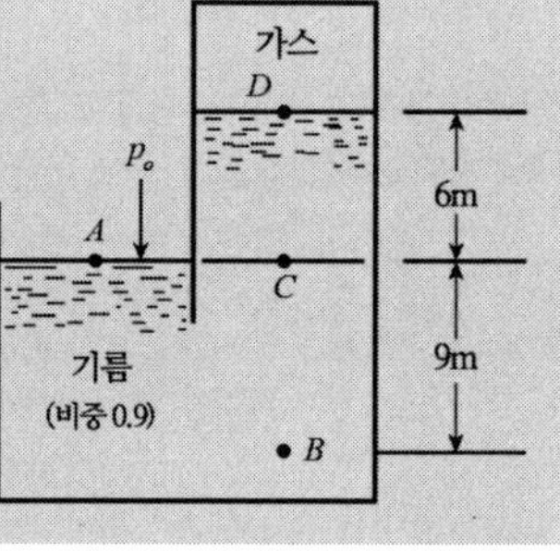

풀 이

$$p_B = p_o + \gamma h$$
$$= 1.0332 \times 10^4 + 1000 \times 0.9 \times 9$$
$$= 1.843 \times 10^4 kg/m^2$$
$$= 1.843\, kg/cm^2$$
$$= 1807.4\, mbar$$

문제 34 지름의 비가 1:2:3이 되는 3개의 모세관을 물속에 수직으로 세웠을 때, 모세관 현상으로 물이 관 속으로 올라가는 높이의 비는 얼마가 되겠는가?

풀 이

$$h = \frac{4\sigma \cos\theta}{\gamma d}$$

$$h = \frac{1}{1} : \frac{1}{2} : \frac{1}{3} = \frac{6}{6} : \frac{3}{6} : \frac{2}{6} = 6:3:2$$

문제 35 그림과 같이 설치한 피토우 정압관의 액주계 눈금 R=150mm일 때 점 1에서의 유속은 몇 m/s인가? 단, 액주계의 액체는 수은(비중 13.6)이다.

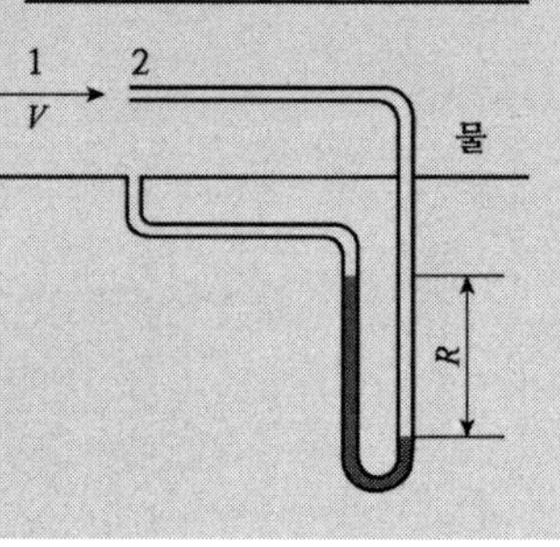

풀 이

$$V = \sqrt{2gR\left(\frac{S_0}{S} - 1\right)}$$

$$= \sqrt{2 \times 9.8 \times 0.15(13.6 - 1)} \times 60$$

$$\fallingdotseq 365.4\, m/\text{min}$$

문제 36 그림과 같은 관로에서 $V_1=3m/s$, $p_1=1kg/cm^2$, $p_2=0.6MPa$, 관로 손실계수를 3이라 할 때 펌프가 물에 한 공률은 몇 마력인가?

풀 이

$$\frac{p_1}{\gamma}+\frac{V_1^2}{2g}+z_1+E_p=\frac{p_2}{\gamma}+\frac{V_2^2}{2g}+z_2+K\frac{V_2^2}{2g}$$

$$E_p=\frac{p_2-p_1}{\gamma}+(1+K)\frac{V_2^2}{2g}-\frac{V_1^2}{2g}+(z_2-z_1)$$

$$=\frac{5\times10^4}{1000}+\left(4\left(\frac{5}{4}\right)^4-1\right)\frac{3^2}{2\times9.8}+100$$

$$=154.025m$$

$$P_L=\gamma E_pQ=\frac{1000\times154.025\times\frac{\pi}{4}\times0.1^2\times3}{75}$$

$$=48.47HP$$

문제 37 그림과 같은 사이펀에서 흐를 수 있는 유량은 몇 l/min인가? 단 관로 손실은 없는 것으로 한다.

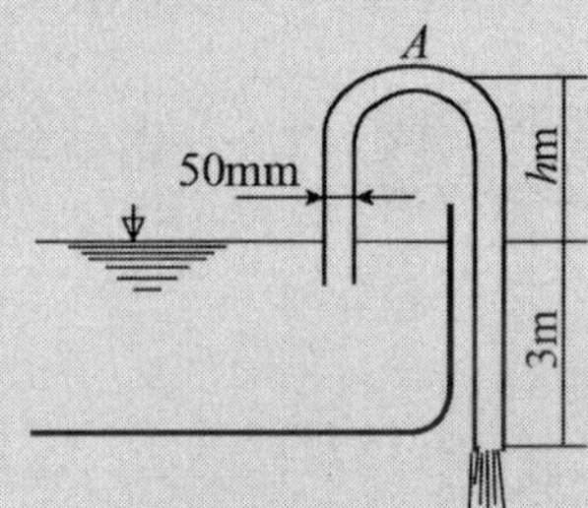

풀 이

$$\frac{p_0}{r}+\frac{V_0^2}{2g}+z_0=\frac{p_B}{r}+\frac{V_B^2}{2g}+z_B$$

$p_0=p_B=$ 대기압, $V_0=0$이므로

$$Q=AV_B=\pi r^2\sqrt{2g(z_0-z_B)}$$

$$=\frac{\pi}{4}\times5^2\times\sqrt{2\times9.8\times3\times10^4}$$

$$=15048.44\,cm^3/s$$

$$=902.9\,l/\text{min}$$

문제 38 다음 그림에서 p_1-p_2는 몇 kPa인가? 단, 수은의 비중은 13.6 물의 비중은 1, 비중량은 9800N/m³이다. h는 30mm이다.

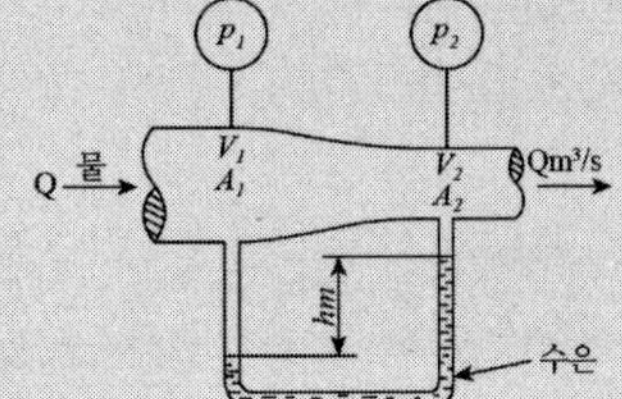

풀 이

$$p_1+\gamma_w h=\gamma_m h+p_2$$

$$p_1-p_2=(s_m-s_w)\gamma_w h$$

$$=(13.6-1)\times9800\times0.03$$

$$=3704.4\,N/m^2\fallingdotseq3.7kPa$$

문제 39 그림과 같이 매우 넓은 저수지 사이를 ø300의 관으로 연결하여 놓았다. 이 계의 비가역량(손실 에너지)은 얼마인가?

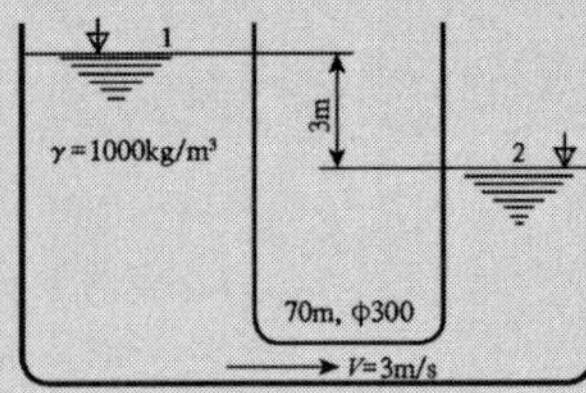

풀 이

$$\frac{p_1}{\gamma}+\frac{V_1^2}{2g}+z_1=\frac{p_2}{\gamma}+\frac{V_2^2}{2g}+z_2+H_L$$

$$P_{loss}=\gamma HQ$$
$$=\frac{1000\times3\times\pi\times0.15^2\times3}{75}$$
$$=8.48\,HP=6.235\,kW$$

문제 40 밑면이 1m×1m, 높이가 50cm인 나무토막 위에 200kg의 추를 올려놓고 물에 띄었다. 나무의 비중을 0.45라 할 때 물속에 잠긴 부분의 부피는 몇 ℓ인가?

풀 이

부양체의 무게 $W=1\times1\times0.5\times0.5\times1000+200=450\,kg$

$$V=\frac{W}{\gamma}=\frac{450}{1000}=0.45\,m^3=450\,\ell$$

문제 41 비중이 0.8, 점성계수 $9\times10^{-5}\,kg\,s/m^2$인 기름이 안지름 30mm의 원관을 3m/s로 흐를 때 Reynolds수는 얼마이며, 유동 상태를 판별하시오.

풀 이

$$R_e=\frac{\rho VD}{\mu}=\frac{1000\times0.8\times3\times30\times10^{-3}}{9.8\times9\times10^{-5}}=81{,}630$$

∴ 난류

문제 42 실린더 내에서 압축된 액체가 1kPa에서 400ℓ인 체적이 2000Pa에서 0.396m³의 체적을 가진다면 체적탄성계수는 몇 MPa인가?

풀 이

$$K=-\frac{dP}{dV/V}=-\frac{400\times(2-1)}{396-400}=0.1\,MPa$$

문제 43 지름 5mm인 모세관을 물속에 15°만큼 기울여 세웠을 때 액체의 상승 높이는 몇 mm인가? 단, 액면 접촉각은 10°, 표면장력은 0.082N/m이다.

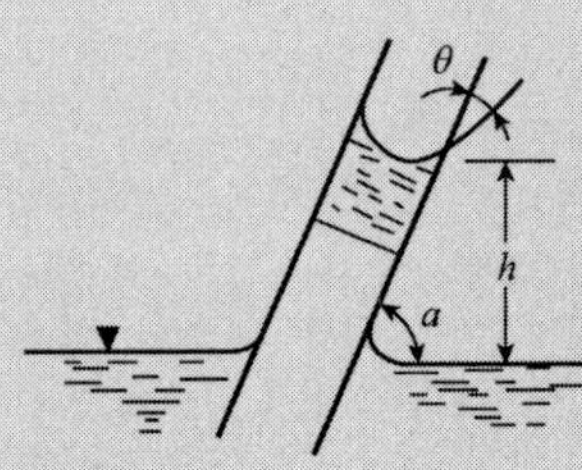

풀 이

$$h=\frac{4\sigma\cos\theta}{\gamma d}=\frac{4\times0.082\times\cos10^\circ}{9800\times0.005}$$
$$=6.6\times10^{-3}\,m=6.6\,mm$$

문제 44 반지름 30cm인 원통에 물을 담아 20rpm으로 회전시킨다면 수면은 몇 mm 상승하는가?

풀 이

$$h = \frac{r^2\omega^2}{2g} = \frac{300^2 \times (2\times\pi\times 20/60)^2}{2\times 9.8} = 20\,mm$$

문제 45 그림과 같은 관로에 물이 900kg/s로 흐를 때 축소된 관에서의 평균 속도는 몇 m/s인가?

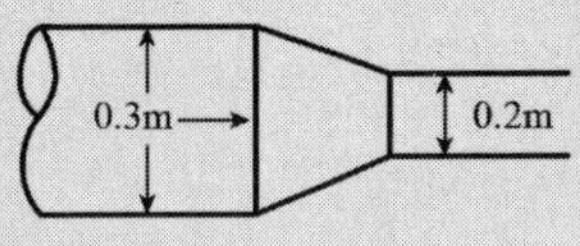

풀 이

$$V_2 = \frac{Q}{A_2} = \frac{(900/1000)^2}{\pi\times 0.1^2} = 28.6\,m/s$$

문제 46 그림과 같은 탱크 하단에 노즐을 설치했을 경우 노즐로부터 유출되는 유체의 속도는 몇 m/s인가? 단, 기름의 비중은 0.85이다.

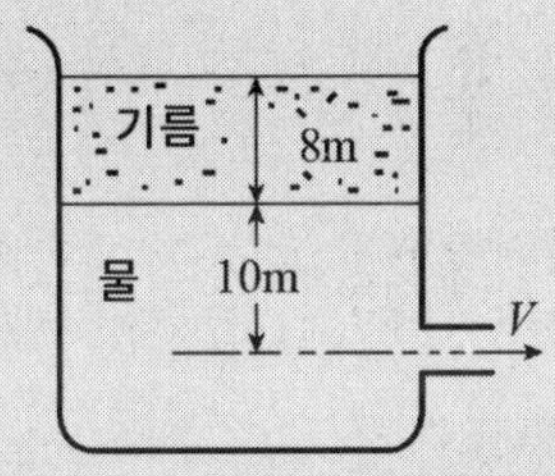

풀 이

$$V = \sqrt{2gh} = \sqrt{2\times 9.8\times(10+0.85\times 8)}$$
$$= 18.15\,m/s$$

문제 47 안지름 25cm인 원관으로 1km 떨어진 곳에 물 500m^3/h을 수송하려고 할 때 필요한 압력은 몇 MPa인가? 단, 관마찰계수는 0.03이다.

풀 이

$$\Delta p = f\frac{\ell}{d}\frac{\gamma V^2}{2g}$$

$$= 0.03\times\frac{1000}{0.25}\times\frac{9800\times\left(\frac{4\times 500}{\pi\times 0.25^2\times 3600}\right)^2}{2\times 9.8} = 480\,kPa = 0.48\,MPa$$

문제 48 300mm 관과 60cm 관이 직접 연결되었을 때 매초 250 ℓ 의 물을 통과시킨다면 연결부의 손실 수두는 몇 mmAq인가?

풀 이

$$h_L = \left[1-\left(\frac{d_1}{d_2}\right)^2\right]^2\frac{V_1^{\,2}}{2g}$$

$$= \left[1-\left(\frac{0.3}{0.6}\right)^2\right]^2\times\frac{(4\times 0.25/\pi\times 0.3^2)^2}{2\times 9.8}$$

$$= 0.359\,m$$
$$= 359\,mmAq$$

문제 49 단면적 5m²인 관에 단면적 2m²인 관이 연결된 경우 수축계수가 0.65라 하면 수축부의 단면적은 몇 m²가 되겠는가?

풀 이

$$A_c = C_c A_o = 0.65 \times 2 = 1.3 m^2$$

문제 50 지름 5mm인 관에 0.5mm의 노즐을 부착하여 비중량 8.82kN/m³인 기름을 660cm³/min의 비율로 분출한다면 축소부의 압력 손실은 몇 MPa가 되는가? 수축계수는 0.67로 한다.

풀 이

$$h_L = \left[\frac{1}{C_c} - 1\right]^2 \frac{V_1^2}{2g}$$

$$= \left[\frac{1}{0.67} - 1\right]^2 \times \frac{(4 \times 11/\pi \times 0.05^2)^2}{2 \times 9.8} = 38.9 m$$

$$\therefore p = \gamma H_L = 8.82 \times 38.9 = 343.1 kPa = 0.343 MPa$$

문제 51 어떤 가스의 발열량이 7500kcal인데 이열이 전부 일로 전환되고, 연료 소비량이 30kg/h이면 발생 동력은 몇 마력인가? 또 kW로는 얼마인가?

풀 이

$$L_{ps} = \frac{BH_\ell}{632} = \frac{30 \times 7500}{632} = 356 PS$$

$$L_{kw} = \frac{BH_\ell}{860} = \frac{30 \times 7500}{860} = 261.6 kW$$

문제 52 중량 50kg인 물체를 12m 끌어 올리는데 필요한 일량을 열량으로 환산하면 몇 kcal인가?

풀 이

$$Q = AW = \frac{1}{427} \times 50 \times 12 = 1.4 kcal$$

문제 53 어떤 엔진의 1psh당 연료 소모율이 200g이면 이 엔진의 열효율은 얼마인가? 단, 가솔린의 발열량은 11,000kcal/kg으로 본다.

풀 이

$$\eta = \frac{AW}{Q} = \frac{632}{0.2 \times 11{,}000} = 0.287 = 28.7\%$$

문제 54 3atm, 0℃에서 40ℓ의 산소는 압축계수가 0.4일 때 가지는 질량은 몇 kg인가? 산소의 기체상수는 0.082ℓ atm/mol K이다.

풀 이

$$G = \frac{PVM}{nRT} = \frac{3 \times 40 \times 32 \times 273}{0.4 \times 0.082} = 428.84 g \fallingdotseq 0.43 kg$$

문제 55 CO_2 4kg을 30℃에서 0.6m^{3}으로 압축 시 압력은 몇 MPa인가? 기체상수는 19.27 $kg \cdot m/kg$℃ 이다.

풀 이

$$P = \frac{GRT}{V} = \frac{4 \times 19.27 \times (273+30)}{0.6} = 38930.9\ kg/m^2 \fallingdotseq 0.389 MPa$$

문제 56 산소를 이상기체라 하고, 초기의 온도와 압력이 각각 293K, 0.15MPa이고, 체적 3m^{3}일 경우 무게는 얼마인가? 기체상수는 26.49$kg \cdot m/kg$℃ 이다.
또 이 산소가 100℃, 7.5kg/cm^2으로 상태 변화할 때 부피를 구하시오.

풀 이

$$G = \frac{PV}{RT} = \frac{0.15 \times 10^5 \times 3}{26.49 \times 293} = 5.8kg$$

$$V_2 = \frac{GRT_2}{P_2} = \frac{5.8 \times 26.49 \times (273+100)}{7.5 \times 10^4} = 0.765\ m^3$$

문제 57 공기 5kg을 100℃에서 600℃까지 가열하는 데 필요한 열량을 정적과 정압의 경우에 대해서 각각 구하시오. 공기의 정압비열 $0.241 kcal/kg$℃, 정적비열 $0.171 kcal/kg$℃ 이다.

풀 이

정적가열에서 공급해야 할 열량

$$Q_v = GC_v(T_2 - T_1) = 5 \times 0.171 \times (600-100) = 427.15\ kcal$$

정압가열의 경우 공급열량

$$Q_v = GC_p(T_2 - T_1) = 5 \times 0.241 \times (600-100) = 602.5\ kcal$$

문제 58 길이 L인 단진자의 주기를 T, 중력 가속도를 g라 할 때 주기를 나타내는 식이 T=$2\pi\sqrt{\frac{L}{g}}$ 또는 T=$2\pi\sqrt{\frac{g}{L}}$ 로 나타낸다면 어느 것이 맞는 식인지 차원 해석을 통해 판정하시오.

풀 이

π는 차원이 없고, $\sqrt{\frac{L}{g}}$ 의 차원이 $\left(\frac{L}{LT^{-2}}\right)^{\frac{1}{2}} = T$, $\sqrt{\frac{L}{g}}$ 의 차원은 $\left(\frac{L^1T^{-2}}{L^1}\right)^{\frac{1}{2}} = T^{-1}$ 이므로 처음의 식이 맞는 것임을 알 수 있다.

문제 59 카르노 사이클 기관이 700℃와 20℃에서 작동할 때 방열량이 8kcal라면 공급 열량과 유효 일량은 각각 얼마인가?

풀 이

$$\eta = 1 - \frac{T_2}{T_1} = 1 - \frac{293}{973} = 0.698 = 69.8\%$$

$$Q_1 = \frac{Q_2}{1-\eta} = \frac{8}{1-0.698} = 26.5\ kcal/s$$

$$W = \frac{Q_1\eta}{A} = 26.5 \times 427 \times 0.698 = 7,898\ kg\ m/s$$

문제 60 압력 2.5kg/cm², 체적 400 ℓ 의 기체가 압력 일정 하에서 팽창하여 체적이 0.6m³으로 되었으며, 이때 20Kcal의 내부에너지가 증가되었다면 기체에 의한 일(kgm)과 열량(kJ)은 각각 얼마인가?

풀 이 ① 압력이 일정할 때 팽창에 의한 일

$$W_2 = \int_1^2 pdv = p(v_2 - v_1) = 2.5 \times 10^4 (0.6 - 0.4) = 5{,}000\,kgm$$

② 팽창에 필요한 열량

$$Q_2 = U_2 - U_1 + AW_2 = 20 + \frac{1}{427} \times 5{,}000 = 31.7\,kcal = 133.14\,kJ$$

문제 61 그림에서 큰 피스톤의 5ton을 들어 올리기 위하여 작은 피스톤에 가해야 하는 힘은 얼마인가? 또, 입력실린더를 100mm 움직이면 출력실린더는 얼마나 이동하는가?

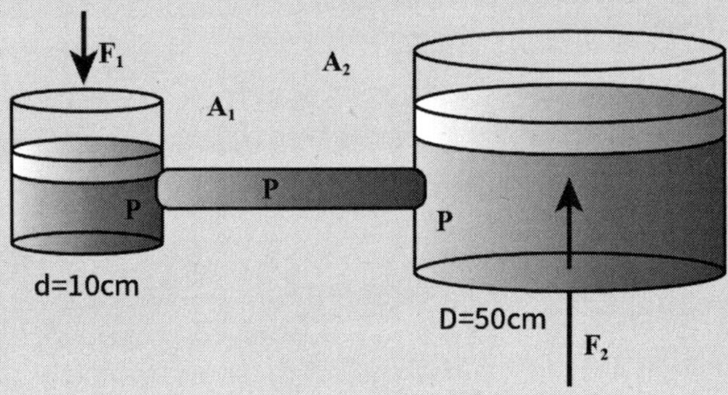

풀 이

$$F_1 = F_2 \frac{A_1}{A_2} = F_2 \times \left(\frac{d}{D}\right)^2 = 3000 \times \left(\frac{10}{50}\right)^2 = 200\,kg$$

$$S_2 = S_1 \frac{A_1}{A_2} = S_1 \times \left(\frac{d}{D}\right)^2 = 100 \times \left(\frac{10}{50}\right)^2 = 4\,mm$$

정답 : 200kg, 4mm

문제 62 피스톤 지름이 각각 25cm, 50mm인 수압기에서 큰 피스톤에 3ton의 힘을 내려면 작은 피스톤에서는 몇 kg을 가해야 하는가?

풀 이

$$F_2 = F_1 \frac{A_2}{A_1} = F_1 \times \frac{D_2^2}{D_1^2} = 3000 \times \left(\frac{5}{25}\right)^2 = 120kg$$

정답 : 120kg

【참고 문헌】

1. 열역학, 박성환 외 3인, 건기원, 2006
2. 유체역학, 하재현 외 4인, 보문각, 1998
3. 기본열역학, 김기문 외 3인, 동명사, 1998
4. 열유체역학, 김진명, 기전연구사, 2015
5. 기초역학일반, 황봉갑, 일진사, 2000
6. 최신 가스설비공학, 김동우 외 2인, 세진사, 2013
7. 유체역학, 김정배, 건기원, 2008
8. 기계공학총정리(유체역학편), 기계교육연구회, 동명사, 1976
9. 유체역학, 윤순현 외 5인, 교보문고, 2010
10. 열유체역학, 조성환 외 2인, 청문각, 1992
11. 최신시사상식 핵심 용어사전, 시사상식편집부, 박문각, 2014
12. 위키백과, Wikimedia Foundation, 2016
13. 두피디아 두산백과사전, 두산, 2014
14. PROPRIETARY MATERIAL, The McGraw-Hill Companies, 2006

[찾아 보기]

ㄹ

ㅁ

ㅂ

ㅅ

ㅇ

ㅈ

ㅊ

ㅋ

ㅌ

ㅍ

ㅎ

핵심
열유체 역학

2017년 8월 25일 1판 1쇄 발 행
2020년 2월 5일 1판 2쇄 발 행

지은이 : 나경찬 · 박성하

펴낸이 : 박 정 태

펴낸곳 : **광 문 각**

10881
파주시 파주출판문화도시 광인사길 161
광문각 B/D 4층
등 록 : 1991. 5. 31 제12-484호
전화(代) : 031) 955-8787
팩 스 : 031) 955-3730
E-mail : kwangmk7@hanmail.net
홈페이지 : www.kwangmoonkag.co.kr

• ISBN : 978-89-7093-863-9 93550

값 18,000원